A. AIGNAN

CAUSERIES

SUR

L'HORTICULTURE

PUBLIÉES DANS

L'AGRICULTURE NOUVELLE

MONT-DE-MARSAN

Imprimerie L. Leclercq, Rue de l'Hôpital, N° 11

1895

A. AIGNAN

CAUSERIES

SUR

L'HORTICULTURE

PUBLIÉES DANS

L'AGRICULTURE NOUVELLE

MONT-DE-MARSAN

IMPRIMERIE L. LECLERCQ, RUE DE L'HÔPITAL, N° 11

1895

HORTICULTURE ET AGRICULTURE

Parmi nos abonnés nous avons l'extrême satisfaction de compter bon nombre d'instituteurs. Connaissant le zèle et le goût qu'ils apportent à l'enseignement agricole, nous avons formé le projet de publier une série de causeries sur cette importante question. Nous n'avons pas la prétention de leur donner des conseils pour leur enseignement ou de leur dicter un programme; nous désirons simplement nous entretenir avec eux d'un sujet qui nous intéresse tous. Que nous soyons du même avis ou d'avis contraire, ces entretiens ne peuvent que fortifier notre ardeur à bien faire, à répandre le goût de l'agriculture, qui, suivant la sage maxime de Fénelon, est le fondement de la vie humaine et la source de tous les vrais biens.

Quand la terre est abandonnée à elle-même sans être cultivée, elle ne porte point partout les mêmes plantes. Certaines régions sont stériles, on y voit croître de maigres touffes d'herbes, des bruyères ou des arbustes rabougris ; d'autres terrains au contraire, plaines ou vallées, sont fertiles, il y pousse des arbres magnifiques, des herbes vertes et hautes, des plantes variées.

Mais l'on peut dire que chaque terre nourrit des végétaux particuliers et que la nature ne peut faire croître indifféremment toutes les plantes dans le même sol.

L'agriculture a pour but de corriger dans une certaine mesure ce que la nature a d'imparfait. C'est la science qui enseigne la culture des champs ; elle a pour effet de produire chaque année, d'une manière régulière, les moissons nécessaires à l'entretien de notre vie : les céréales, les fruits de la terre, les fourrages, les plantes industrielles.

L'horticulture est une science plus difficile et plus compliquée encore : elle permet de modifier d'une manière plus profonde les qualités naturelles du sol. Grâce aux procédés de l'horticulture, qui est la culture des jardins, on parvient à faire pousser dans un sol quelconque, mais non absolument stérile, les plantes les plus diverses que la nature nous montre à la surface de la terre venant spontanément dans des pays très éloignés les uns des autres. Non seulement par l'horticulture on modifie les propriétés naturelles de la terre et on lui communique une fertilité exceptionnelle, mais on perfectionne également la qualité des plantes cultivées, et c'est ainsi que l'on est parvenu à transformer des plantes sauvages de qualité très inférieure en des légumes excellents.

Il ne faut pas croire que les hommes ont toujours connu l'art de cultiver les jardins, il ne faut pas s'imaginer non plus que c'est un seul homme qui a inventé l'agriculture. Cette science, qui se perfectionne chaque jour, s'est développée peu à peu avec les progrès de la civilisation.

Les hommes vivaient autrefois presque comme des animaux, s'abritant dans le creux des rochers ou sous des huttes de feuillage. Ils mangeaient le produit de leur chasse ou de leur pêche, les fruits sauvages de quelques arbres, certaines racines, et ils s'habillaient de la dépouille des animaux capturés. Il existe encore des peuplades qui mènent cette existence, parce qu'elles ont vécu loin des nations civilisées, dans des pays, où elles trouvent sans travailler beaucoup, les éléments de leur subsistance. Une agglomération de plusieurs huttes entourées d'une barrière a formé le premier village, et l'homme d'autrefois qui, le premier, a arraché dans la forêt un arbuste, une fleur, une racine, pour les transporter à côté de sa hutte, afin d'avoir sous la main et sous les yeux le légume qu'il aimait ou la fleur préférée, a été le premier jardinier.

Il a fallu des centaines et des centaines d'années pour arriver à trouver la manière de faire pousser et fructifier dans le jardin les plantes et les légumes dont l'ensemble forme un bon potager. Il a fallu des milliers d'essais pour trouver la taille des arbres, pour déterminer le choix des graines, pour inventer les instruments commodes usités aujourd'hui et la manière de s'en servir de la façon la plus utile.

Eh ! bien, ce que l'humanité a mis tant d'années à inventer, ce qui lui a coûté tant de peine, des enfants peuvent à l'École l'apprendre en quelques jours. Dans le jardin de l'École, ils verront comment il faut faire pour obtenir de beaux légumes ; ils apprendront en même temps à raisonner sur les procédés de culture ; ils se rendront compte de mille détails, qui peuvent paraître futiles, mais qui, au fond, sont nécessaires pour assurer le succès des plantations et pour faire un cultivateur vraiment digne de ce nom. C'est la meilleure préparation qu'ils pourront suivre pour étudier plus tard l'agriculture, et leur esprit, ainsi dirigé de bonne heure vers l'observation des phénomènes qui intéressent le développement rapide, régulier et considérable des plantes potagères et des arbres fruitiers, sera particulièrement préparé à l'examen approfondi des méthodes si intéressantes de l'agriculture moderne.

Il n'est pas d'étude plus attrayante que l'horticulture et l'agriculture, seulement il est indispensable, pour y trouver du charme, de faire cette étude non pas uniquement dans les livres mais encore dans les jardins et dans les champs. Le livre est nécessaire afin d'indiquer les principes scientifiques qui servent de base aux méthodes agricoles : la manière dont le sol doit être préparé, la façon dont il faut semer, l'époque des différentes opérations et les meilleurs procédés à suivre pour les effectuer ; mais, après avoir étudié ainsi dans le livre, le futur cultivateur déjà fort en théorie, devra sous la direction du maître voir réaliser le programme de sa leçon. La leçon sera étudiée et récitée deux fois : en classe et au jardin ou aux champs. L'élève mis au tableau donnera et recevra des explications sur le sujet examiné, et quelquefois, l'outil à la main ou sous les yeux, il montrera qu'il a compris le sens de sa leçon, il prouvera que les mots récités avaient pour lui une signification précise et exacte.

Le travail du jardin ne doit avoir rien de pénible ni d'ennuyeux ; il doit être pour les élèves une distraction au même titre que les expériences de physique et de chimie faites dans les leçons relatives à l'enseignement de ces sciences. Ce travail manuel et fatiguant sera exécuté sous les yeux des élèves — je dirai plus, — sous leur direction, avec le contrôle éclairé de leur maître toujours prêt à rectifier une erreur, à développer et à expliquer ce qu'une leçon théorique peut laisser d'obscur dans de jeunes esprits.

Il n'est pas indispensable, croyons-nous, que les futurs horticulteurs apprennent scrupuleusement les recettes de culture, il vaut mieux qu'ils se rendent compte des points scientifiques qui servent de base aux méthodes agricoles. Ils retiendront ainsi bien mieux les faits expérimentaux dont ils seront témoins ; ils saisiront avec plus de facilité la relation qui existe toujours entre les procédés de culture, les conditions de température et le résultat obtenu au moment de la récolte. Ils apprendront à juger le travail agricole et le résultat des cultures et ils seront plus tard capables de travailler sans Maître, ayant formé de bonne heure leur jugement en étudiant les relations étroites qui doivent exister toujours entre les considérations théoriques et les faits d'expériences.

LE JARDIN POTAGER DE L'ECOLE

Le jardin potager de l'École ne peut pas être un potager modèle dans lequel on enseignera les meilleurs procédés à mettre en pratique pour faire rendre à la terre le maximum de légumes, et en particulier pour obtenir les primeurs. Les méthodes de culture intensive nécessitent, en effet, l'emploi des couches chaudes, l'assolement de quatre ans, un matériel assez considérable et un personnel exclusivement attaché à l'exploitation du jardin. De plus, les jeunes élèves, qui suivent les leçons d'horticulture à l'École primaire, doivent les appliquer ensuite chez eux, à la métairie où ils ne disposent souvent que de ressources très limitées. Nous voulons surtout leur apprendre à perfectionner ce qui existe déjà et non leur proposer de révolutionner leurs cultures habituelles et d'effectuer une dépense préliminaire d'outils, de cloches, de châssis : ils reculeraient devant les modifications essentielles que nous désirons voir adopter partout.

Les couches seules permettent, il est vrai, d'obtenir en toute saison des légumes supérieurs et d'effectuer jusqu'à huit récoltes annuelles sur la même planche ; elles sont indispensables pour la meilleure fabrication des fumiers, du terreau, des plants de primeur ; mais elles exigent un jardinier exclusivement occupé à leur manipulation. Nous nous passerons presqu'entièrement de ces couches, et, sans rechercher la production des primeurs, nous examinerons comment nous devrons tout disposer afin d'obtenir des légumes plus précoces et plus nombreux que ceux que l'on récolte dans les potagers des campagnes.

On a coutume d'effectuer les semis dès que les gelées ne sont plus à craindre ; c'est alors que les cultivateurs apportent le fumier au jardin et préparent tout pour les récoltes à venir. A cette époque le potager est inculte ; s'il n'a pas gelé trop fort, on y trouve cependant vers le Midi des branches de choux, reste de la provision d'hiver, quelquefois des carottes, des poireaux. Les fermiers ou métayers, pour garnir les plates-bandes, achètent du plant ; mais, afin d'éviter toute dépense qui n'est pas absolument indispensable, cet achat se limite au strict nécessaire. Aussi, dans la plupart des potagers de la ferme, on ne cultive que des choux, des laitues, des haricots, de l'ail, des navets. L'achat du plant présente des inconvénients nombreux faciles à énumérer; c'est pourquoi, en opérant même à cette époque tardive, les cultivateurs auraient avantage à faire des semis, afin de mettre en place un plant frais et choisi.

Avec la précaution que nous allons indiquer, il est aisé de disposer aux premiers beaux jours d'un plant d'élite, qui aura poussé à la ferme, et grâce auquel la récolte sera avancée de plusieurs semaines.

En février, le fumier sera transporté au jardin et entassé (opération qui peut être faite plus commodément à côté de l'étable si le jardin est éloigné) en réservant pour former le tas, le bon fumier de cheval destiné au potager. À l'aide de ce fumier, on formera une couche chaude de la manière suivante :

1° Sur le sol, on creuse à la bêche une tranchée rectangulaire ayant 10 à 15 centimètres de profondeur, large de deux mètres et longue suivant l'importance du potager et la quantité de fumier dont on dispose ;

2° On étend dans la fosse le fumier bien homogène et mélangé avec parties égales de feuilles sèches ;

3° On foule et on arrose à la pomme, de manière à bien humecter sans trop mouiller. Le tas doit avoir 40 centimètres d'épaisseur;

4° On engage dans la couche, que l'on creuse de 20 centimètres, un cadre en bois formé de planches ayant 1^m40 de large, 0^m30 de profondeur, et une longueur proportionnée à celle de la couche ;

5° On dépose au fond du cadre de la bonne terre tamisée, mélangée de terreau, et on arrose. — Le terreau est du vieux fumier, très consommé, qui se réduit en poudre. — Cette couche de terre et terreau doit avoir une épaisseur de 20 centimètres. C'est là que l'on effectuera les semis et les premiers repiquages en pépinière ;

6° On recouvre le cadre d'un chassis ou couvercle vitré, qui peut avoir la forme d'une véritable croisée. Le cadre doit être disposé de manière que le chassis soit très légèrement incliné afin que l'eau de pluie ne séjourne pas sur lui ;

7° La couche est maintenue chaude par la fermentation du fumier humide. Si la température devient trop froide et si l'on remarque que la température de la couche baisse, on pose des *réchauds* ; c'est-à-dire, on met autour du cadre une couche de fumier de cheval frais et légèrement arrosé. Au bout de quelque temps, le réchaud légèrement remanié et arrosé permet, sans frais nouveau, d'élever encore la température de la couche. — Quatre jours après avoir été confectionnée, la couche est prête à recevoir le semis.

Voilà une innovation considérable, qui présente une foule d'avantages et pas un inconvénient. Elle n'exige pas plus de fumier que la culture ordinaire, puisque les produits de la démolition de la couche serviront à fumer le jardin, elle permet d'avoir des légumes plus précoces ; enfin, le cadre ne coûte presque rien, le chassis n'est pas très cher et il est aisé d'en gagner le prix dès la première année. Il suffit pour cela de semer quelques choux-fleurs et quelques melons qui, vendus à une époque où ces légumes sont rares sur le marché, indemniseront le cultivateur de l'achat d'un matériel précieux pouvant servir longtemps.

Cette construction de la couche chaude et les avantages qu'elle procure inspireront au cultivateur le désir de mieux soigner son jardin et lui feront comprendre tous les avantages qu'il peut retirer de l'horticulture. En semant simplement sur la couche des choux, des choux-fleurs, de la salade, des tomates, il aura en abondance ces légumes, a une époque où bien des ménages de la campagne, même très aisés, sont obligés de s'en passer. Il ne faut pas oublier que le potager a pour but de fournir à la ferme des légumes en toute saison ; ce résultat est obtenu par des procédés de culture raisonnée, appliqués à des variétés de plantes potagères convenablement choisies.

Il est encore un autre principe fondamental qui assure le rendement maximum de la terre, c'est celui de la contreplantation.

La contreplantation a pour but de maintenir les plates-bandes du potager toujours en état de récolte ; elle consiste à planter entre des légumes mis en place d'autres légumes, qui se développent beaucoup plus vite et qui seront récoltés avant que les premiers, auxquels en principe on a consacré le carreau, aient atteint tout leur développement. Il est certain qu'il faut choisir d'une manière convenable les plantes potagères ainsi mises côte à côte pour que les unes ne puissent nuire aux autres. La contreplantation bien entendue permet d'utiliser de la façon la plus parfaite les engrais donnés au sol et de récolter annuellement une quantité considérable de légumes dans un potager de petite surface.

Nous insisterons d'ailleurs sur ce fait, que la contreplantation ne peut donner tous les bons résultats annoncés qu'à la condition d'avoir de bonne heure, les plants de légumes établis en pépinière ; chaque récolte arrivant à maturité dans le temps minimum, les récoltes peuvent se succéder nombreuses dans le même terrain.

Pour bien faire comprendre l'avantage de la contreplantation, nous allons indiquer un programme de culture, telle qu'on doit la pratiquer dans les plates-bandes appartenant à chacune des trois parties du jardin.

Dans une planche qui vient d'être fortement fumée, on peut planter : fin février ou commencement de mars, des choux contreplantés de laitues ; les choux récoltés, on met en place des choux-fleurs ou d'autres choux contreplantés encore de laitues ou de salades différentes ; puis des choux d'hiver contreplantés de chicorées ; en dernier lieu on sème des mâches. Ce qui fait un total de sept récoltes.

Dans une planche fumée l'année précédente et que l'on destine aux tomates, on plante en mars de la laitue d'hiver et on sème des radis, la récolte faite, on plante les tomates contreplantées de laitues d'été ; on encadre avec des échalottes ; les tomates cueillies, on travaille la terre et on sème des navets.

Enfin, dans une planche de terrain qui n'a pas eu de fumier depuis deux ans, mais qui vient d'être cendrée ; on sème les fèves de marais en février et on contreplante en laitue d'hiver ; puis des haricots verts ; après on sème des mâches.

Ce petit programme peut être varié à l'infini. Le difficile est de bien choisir les espèces et les variétés de légumes à placer côte à côte. Avec un peu d'expérience on arrive à des résultats merveilleux.

DIVISION DU POTAGER ; — ASSOLEMENT.

Les différentes espèces de plantes n'empruntent pas au sol pour se développer les mêmes éléments nutritifs.

Les végétaux à feuillage étendu, tels que le chou, le céleri, les artichauts, exigent surtout un engrais riche en matière azotée, du fumier frais et de bonne qualité. Les racines au contraire, les carottes, les navets, les salsifis, se développent de préférence dans un sol enrichi de terreau ou de fumier, dont l'azote a été partiellement consommé déjà par une récolte précédente. Enfin, les légumineuses, fèves, pois, haricots, préfèrent un sol relativement pauvre en azote, mais riche en sels de potasse, tel qu'on peut l'obtenir en répandant un peu de cendres sur un carreau de jardin où l'on a effectué une première récolte de chou puis une deuxième de racines après avoir préalablement bien fumé au fumier de ferme. Il y aura donc avantage à fumer une seule fois la terre pour effectuer trois séries de récoltes successives pourvu que l'on fasse succéder dans le carreau de jardin considéré les diverses espèces de légumes suivant un ordre soigneusement déterminé. De plus, il résulte de là qu'il est nécessaire de diviser le jardin en trois parties, afin d'avoir à toute époque un carreau susceptible de donner l'un ou l'autre des trois genres de légumes dont nous avons parlé plus haut.

Ce mode de culture et de subdivision du jardin, éminemment avantageux, porte le nom *d'assolement* ou de rotation.

Il convient de se demander tout d'abord pendant combien de temps chacune des trois cultures devra occuper la terre, et par suite pendant combien de mois la fumure donnée au sol sera capable d'assurer la production de riches récoltes. Cela dépend évidemment de la quantité de fumier administré au début de chaque rotation et de l'aptitude particulière du sol à conserver les éléments nutritifs qu'on lui confie. Il est clair qu'une terre très perméable, comme certains sables légèrement argileux des Landes, devra être fumée à intervalles plus rapprochés qu'une bonne terre argileuse, car les pluies qui traversent le sable avec facilité entraînent toujours une portion notable de sels fertilisants empruntés aux engrais. Comme il est impossible de traiter successivement le cas des différentes espèces de terre, nous raisonnerons en supposant que l'on a affaire à un sol argilo-siliceux ameubli, tel qu'on les choisit le plus communément pour établir les jardins potagers.

Dans cette hypothèse, la terre sera fumée tous les trois ans et chaque catégorie de légumes pourra occuper le sol une année durant ; mais cela, à la condition d'administrer au début de la première année une puissante fumure. A cet effet le terrain sera recouvert d'une couche de fumier, épaisse d'environ vingt centimètres, le fumier étant étendu à la fourche et nullement tassé ; puis le fumier sera bien mélangé à la terre, soit par un labour, soit par un travail à la bêche fait avec soin. Il faut ainsi environ quatre mètre cubes de fumier par are, pour trois ans, pendant lesquels on assure le maximum de récolte dans le potager.

La même méthode de fumure et de culture pourrait être appliquée en disposant d'une quantité moindre de fumier, mais on serait loin d'obtenir des résultats aussi brillants et aussi rémunérateurs. Mieux vaut fumer abondamment en une seule fois que d'épandre la même quantité de fumier à plusieurs reprises différentes. Cela tient à ce fait, qu'en fumant la terre au moment de semer certains légumes, des carrottes ou des haricots, non seulement on donne avec le fumier certains éléments, tels que les sels azotés, qui, n'étant pas utilisés, pourront se perdre en partie entraînés par les pluies, mais encore ces aliments azotés favoriseront à l'excès le développement des feuilles au détriment de la racine ou des graines qu'il s'agit d'obtenir. La quantité de récolte se trouverait ainsi diminuée et de plus la qualité des légumes serait inférieure.

Cependant il existe bien des jardins où l'on n'applique pas la méthode rationnelle de la rotation ; c'est un fait contre lequel il convient de réagir. Et de même que dans la grande culture l'assolement est, aujourd'hui, toujours pratiqué avec succès, de même en horticulture il permet d'obtenir de magnifiques résultats.

Sur la partie du jardin puissamment fumée on pourra effectuer non pas une récolte de légumes foliacés, mais six et huit successives s'il est possible dans le courant d'une année. On peut, on doit tenir toujours la terre occupée sans craindre de l'appauvrir pourvu que l'on s'en tienne à une série de plantes dont nous donnerons la liste plus bas. Les deux premières catégories, légumes foliacés et racines, ne sont pas épuisantes, seule la troisième série, celle des légumes à fruits secs, enlève à la terre ses principes fertilisants les plus actifs, qui sont les phosphates et les sels de potasse.

Si l'on voulait pratiquer la culture des primeurs, il serait indispensable de réserver dans les jardins une quatrième partie pour établir les *couches*. Nous consacrerons à la fin de ces causeries un ou deux chapitres à ce point particulièrement délicat et tout à fait digne des soins d'un véritable horticulteur, mais pour le moment nous traiterons uniquement de la culture des légumes courants qui doivent se trouver dans tous les potagers, même dans les plus humbles. Cependant, sans établir de couches, il est indispensable de consacrer une planche, d'ailleurs de petites dimensions, aux semis et aux plants de différents légumes, à la *pépinière*, qui seule permet d'avoir le potager toujours garni et qui, bien conduite ,assure la production de légumes de qualité supérieure.

Immédiatement après la fumure il convient de cultiver :

Artichauts	Epinards
Aubergine (midi)	Laitues (de primeurs)
Betteraves (en contreplantation)	Poireaux
Céleri	Radis
Choux	Raves
Choux-fleurs	

L'année suivante, après avoir ajouté s'il est possible un peu de terreau et recouvrant la plantation de paillis,

Ail	Maches
Betteraves	Navets
Carottes	Oignon

Céleri-rave

Chicorée

Echalotte

Epinards

Fraisiers

Laitues

Scarolle

Persil

Piment

Poireaux

Pommes de terre

Salsifis

Scorsonère

Tomates.

Et l'année après, une légère couche de cendres étant préalablement étendue sur le sol,

Chicorée sauvage

Estragon

Fèves

Haricots

Lentilles

Maches

Scorsonère

Navets (de primeurs)

Oseille

Pois

Romaines.

Enfin, au bout d'une année, après avoir de nouveau fumé le sol, on recommence les cultures dans le même ordre à l'intérieur du carreau de jardin que nous venons de considérer.

NOTIONS DE PHYSIQUE ET DE CHIMIE.

Des sciences très différentes telles que la Physique, la Chimie, l'Agriculture, ont entre elles d'étroits liens de parenté ; c'est pourquoi il est impossible d'étudier complètement l'une d'elles sans tenir compte des relations qu'elle a avec les autres. En particulier, pour bien comprendre l'étude de l'Agriculture et de l'Horticulture, pour apprécier avec justesse les observations diverses auxquelles donne lieu la culture des plantes en général, il est absolument indispensable de posséder les notions élémentaires de physique et de chimie, qui nous font connaître le milieu dans lequel se développent les végétaux, c'est-à-dire la terre et l'air.

La matière, tous les corps qui tombent sous nos sens, peuvent se présenter à nous sous trois états : l'état solide, l'état liquide, l'état gazeux.

Un corps est solide quand il possède une forme qu'on ne peut modifier sans un effort considérable. Ex. : une pierre, un bloc de terre.

Un corps est liquide quand il prend toujours la forme du vase qui le renferme. Ex. : l'eau, le vin.

Un corps gazeux possède la propriété singulière de remplir toujours complètement le vase qui le contient. Ex. : l'air.

Les éléments qui servent à constituer les végétaux ou qui servent à leur nutrition et les corps que les végétaux produisent soit pendant leur vie soit après, sont les uns solides ou liquides, les autres gazeux.

Parmi les phénomènes dont l'étude appartient à la physique et qui peuvent intéresser l'agriculture ou l'horticulture proprement dite, les phénomènes météorologiques occupent le premier rang. On désigne sous ce nom les phénomènes qui se produisent dans l'atmosphère, dans l'épaisse couche d'air qui environne notre globe. La chaleur, l'électricité, la vapeur d'eau produisent les phénomènes météorologiques.

La vapeur d'eau existe constamment dans l'air ; c'est elle qui produit les nuages, la pluie, la neige, la grêle, le brouillard, la rosée. Elle provient de la mer et des fleuves, qui la répandent dans l'atmosphère sous forme de gaz invisible, et cette eau, empruntée à la mer sous forme de vapeur, y retourne suivant les vallées des rivières et des fleuves qui sont formés eux-mêmes par la condensation à l'état de pluie de la vapeur d'eau atmosphérique.

La chaleur et l'électricité servent dans la nature à faire circuler l'eau de la mer dans l'atmosphère sous forme de vapeurs et de nuages et de l'atmosphère sur le sol sous forme de pluie, de neige et de grêle.

Le sol cultivé dans lequel germent les graines, dans lequel

s'étendent les racines chargées d'extraire les aliments nécessaires à la plante, est un corps solide plus ou moins friable dont la composition varie suivant les lieux. Il contient généralement du *sable* et de *l'argile*, qui forment sa masse principale, et des quantités variables, souvent très faibles, de *carbonate de chaux*, de *phosphates de chaux*, de *sels de potasse*, d'*azotates*, ainsi que des *matières organiques* provenant de débris végétaux ou animaux en décomposition.

Le carbonate de chaux est un corps solide qui, en masse compacte, forme suivant qu'il est plus ou moins pur le marbre blanc, la pierre à bâtir ou la pierre à chaux, la craie. En calcinant la pierre à chaux ou pierre calcaire on obtient la *chaux*. Le carbonate de chaux est composé du *gaz acide carbonique* uni avec la chaux.

Le phosphate de chaux est un corps solide, blanc, qui forme la majeure partie des os des animaux ; on le trouve quelquefois dans le sol en masses compactes et dures, plus ou moins colorées d'aspect terreux.

Les sels de potasse disséminés dans le sol s'accumulent dans les végétaux, et, quand on brûle ceux-ci, les cendres que l'on obtient contiennent une quantité considérable d'un sel de potasse appelé le *carbonate de potasse* parce qu'il est formé d'acide carbonique et de potasse.

Quant à l'acide carbonique, c'est un gaz qui se produit quand on fait brûler à l'air le charbon ou un corps quelconque contenant le charbon. On le prépare dans les laboratoires en mouillant le carbonate de chaux avec un acide étendu d'eau, du vinaigre par exemple. Il se produit encore quand on fait fermenter un jus sucré tel que le jus de raisin. Ce gaz n'entretient ni la combustion ni la respiration ; un corps enflammé plongé dans l'acide carbonique s'éteint aussitôt et un animal qui séjourne dans ce gaz ne tarde pas à périr.

Les azotates sont des sels très importants, car ils sont indispensables au développement des plantes.

Les matières organiques jouent un rôle prépondérant dans

la fertilité du sol ; c'est pourquoi il faut fumer abondamment la terre de jardin de manière à la rendre féconde ; le fumier, outre des sels importants, comme les azotates et les sels de potasse, apportant à la terre la matière organique en décomposition.

Le sol cultivé doit encore renfermer une certaine quantité d'eau, les plantes ne pouvant croître et vivre sans la présence de cet élément.

L'air, dans lequel vivent la tige, les branches et les feuilles de la plante, joue un rôle tout aussi considérable que le sol pour son développement.

L'air est un gaz, ou plutôt un mélange de deux gaz, l'oxygène et l'azote dans la proportion en volume d'environ une partie d'oxygène pour quatre d'azote.

L'oxygène est un gaz qui entretient les combustions avec une énergie singulière ; il entretient aussi la respiration de tous les êtres vivants, des végétaux aussi bien que des animaux. Sans lui, la vie ne serait pas possible à la surface du globe, puisque la respiration ne serait pas possible.

L'azote est un gaz qui n'entretient ni la combustion ni la respiration. Mais il est tout aussi indispensable que l'oxygène, il tempère les propriétés trop actives de l'oxygène, qui, seul dans l'air, serait un véritable poison à cause de son action trop énergique ; de plus, il sert à la nourriture des plantes. Les végétaux ne peuvent croître que sur un sol qui contient des matières azotées ; les animaux eux-mêmes pour se développer doivent prendre des aliments azotés ; or, la source première de *l'azote assimilable* du sol est l'azote atmosphérique.

L'air renferme encore toujours une petite quantité d'acide carbonique et une proportion de vapeur d'eau variable suivant que l'air est plus ou moins humide.

L'acide carbonique formé de carbone et d'oxygène est indispensable ; c'est un aliment de la plante. Les parties vertes des feuilles décomposent l'acide carbonique de l'air sous l'influence de la lumière solaire : le *carbone* fixé dans la plante sert à former les tissus, la charpente de la tige, des branches et des feuilles ; l'oxygène se dégage dans l'air. Quand on calcine une plante, il reste du charbon ; ce charbon provient de l'acide carbonique de l'air que le végétal a décomposé durant son existence.

Sans la vapeur d'eau, les plantes ne pourraient vivre et grandir, elles en absorbent sans cesse une certaine quantité pour la rejeter ensuite en partie ; cette eau, qui imprègne leurs tissus, entre dans la composition de la sève et donne à la plante une souplesse particulière. Dans un air absolument sec les plantes ne peuvent croître et les plantes déjà venues se fanent et se brisent au moindre effort.

Enfin, l'air renferme toujours un nombre considérable de poussières très ténues que l'on distingue aisément quand un rayon lumineux pénètre par une petite ouverture dans une chambre peu éclairée. Parmi ces poussières, les unes, minérales, sont des parcelles de terre ou de pierres ; les autres, organisées, renferment les germes des *fermentations*. Les fermentations ont pour effet de décomposer les matières organiques en des corps de composition plus simple. En particulier, les corps des animaux et les tissus des végétaux sous l'influence des fermentations se transforment en produits tels que l'eau, l'acide carbonique, etc., qui rentrent dans le sol et dans l'atmosphère pour servir d'aliments à d'autres végétaux.

On voit par ce qui précède que tous les corps que l'on trouve dans l'air sont indispensables. Les uns servent à faire vivre et grandir le végétal, les autres servent, quand le végétal ou l'animal qui s'est nourri de végétaux est mort, à décomposer ces tissus sans vie, afin de mettre derechef les éléments qu'ils renferment à la disposition d'êtres vivants nouveaux.

ROLE DES DIFFÉRENTES PARTIES DE LA PLANTE ;
LA RACINE ET LES FEUILLES.

Les plantes puisent dans le sol par la racine et dans l'air par les feuilles les éléments nécessaires à leur alimentation et à la constitution de leurs tissus.

La racine, qui sert à fixer la plante dans la terre, a presque toujours un développement d'autant plus grand que la plante présente dans l'air un développement plus considérable, mais il ne faudrait pas croire que la relation entre l'étendue de la partie souterraine et l'étendue de la partie aérienne du végétal soit uniquement destinée à mieux fixer ce dernier sur la terre qui le nourrit.

La racine ayant pour but avant tout d'extraire du sol des aliments nécessaires à la vie de la plante, on comprend que les ramifications de la racine devront devenir plus nombreuses et s'étendre dans une masse de terre plus considérable à mesure que les organes aériens et que le végétal tout entier devenant plus grands absorberont nécessairement une quantité plus forte d'éléments nutritifs empruntés au sol.

Si l'on a bien compris que le développement des racines doit être en rapport avant tout avec le poids des aliments qu'elles doivent extraire du sol, il en résulte immédiatement que, dans un sol riche, des racines d'une certaine taille pourront nourrir un végétal ayant des dimensions aériennes beaucoup plus grandes qu'elles ne pourraient le faire si elles étaient placées dans un sol pauvre. C'est le cas qui se présentera toujours pour les plantes cultivées dans la terre riche, bien travaillée et fortement fumée du jardin ; c'est ce que l'on observe encore pour les fleurs et les plantes d'ornements dont les racines sont renfermées dans un vase de petites dimensions mais rempli de terre choisie, de terreau exceptionnellement riche en éléments nutritifs. Au contraire, dans un sol pauvre, les végétaux prendront un développement aérien peu considérable ; ils seront rabougris, tandis que les racines se ramifieront au loin afin d'aller chercher dans une grande masse de terre les aliments qui y sont disséminés.

Certaines racines jouent encore un rôle très important, elles possèdent la propriété d'accumuler dans le tissu une quantité considérable d'éléments nutritifs déjà élaborés par la plante, éléments qui sont destinés à produire plus tard une nouvelle phase du développement du végétal. On donne le nom de *réserves* à ces aliments emmagasinés par les racines. Tel est le cas de tous les tubercules et des grosses racines, de la pomme de terre, de la betterave, etc.. On conçoit que ces réserves seront d'autant plus riches que le végétal sera établi dans un sol plus fertile, c'est pourquoi la culture des betteraves, des carottes, des navets, doit être effectuée dans une terre choisie et bien fumée.

La partie aérienne de la plante joue un rôle tout aussi nécessaire que la racine ; elle renferme les vaisseaux dans lesquels circule la sève ; elle porte les feuilles grâce auxquelles la plante respire l'oxygène, assimile le carbone de l'acide carbonique de l'air et rejette dans l'atmosphère une quantité de vapeur d'eau d'autant plus grande que le feuillage est plus étendu.

C'est la partie aérienne qui porte les fleurs et les fruits.

La feuille remplit donc un rôle excessivement important dans le développement du végétal : c'est l'organe qui sert à effectuer ces deux fonctions fondamentales de l'existence de tout être vivant : la *respiration* et la *nutrition*.

Par le phénomène de la respiration la plante absorbe l'oxygène de l'air et rejette dans l'atmosphère de l'acide carbonique. Par le phénomène de nutrition, qui s'effectue dans les parties vertes de la feuille sous l'action de la lumière solaire, les plantes absorbent l'acide carbonique de l'air, fixent le carbone ainsi que nous l'avons dit dans le chapitre précédent et rejettent de l'oxygène. Pendant la nuit le phénomène de la nutrition s'arrête, il en est de même pour toute plante que l'on met à l'abri des rayons du soleil, à l'obscurité ; mais la respiration s'effectue pendant la nuit comme pendant le jour, à l'obscurité comme à la lumière.

Quant à la vapeur d'eau, elle se dégage par des ouvertures spéciales appelées *stomates* percées à la face inférieure des feuilles. Ce phénomène, qui s'appelle la *transpiration*, est plus actif quand la température de l'air ambiant est élevée que quand elle est basse ; il est indispensable, pour que la plante vive, que les racines soient plongées dans un terrain contenant une réserve d'eau suffisante, sans quoi la plante se dessèche et meurt.

Dans la nature il s'établit une harmonie nécessaire entre le développement des différentes parties du végétal et les conditions du milieu dans lequel il vit. Dans la culture du jardin, il faut se garder de modifier seulement une des conditions d'existence de la plante, sans quoi l'harmonie n'existerait plus et l'on aboutirait à des insuccès certains. Les recettes de jardinage, les procédés qu'une longue expérience a indiqués être les meilleurs pour la culture de telle ou telle plante potagère, ont pour effet d'établir un accord aussi parfait que possible entre le sol, la plante et les conditions de son développement spécial.

Un exemple bien général fera comprendre l'importance de la remarque qui précède.

Dans le sol du jardin bien fumé, riche en principes nutritifs, on plante, au printemps ou au commencement de l'été, un végétal à développement de feuilles assez grand, un chou par exemple; le chou, grâce à la fertilité du sol maintenu humide par les pluies printanières et quelques arrosages, acquiert une grande taille et présente beaucoup de feuilles. Mais si la partie aérienne de la plante est très développée, en revanche le système radiculaire l'est assez peu, parce que à la faveur des engrais les racines trouvent les aliments nécessaires au végétal dans un espace restreint. Une plante ainsi cultivée meurt ou tout au moins dépérit pendant les chaleurs de l'été si on ne l'arrose abondamment. Et cela se comprend : la partie aérienne très développée rejette dans l'atmosphère beaucoup d'eau tandis que les racines peuvent seulement puiser cette eau dans un petit rayon, et la réserve du sol vite épuisée doit être renouvelée par l'arrosage. Au contraire les mêmes plantes établies en plein champ possè-

deront un système radiculaire plus développé comme nous
l'avons expliqué et une tige plus petite avec moins de feuillage ;
aussi le phénomène de la transpiration rejettera moins de vapeur
d'eau dans l'air ; comme les racines iront prendre l'eau dans
une étendue plus grande de terrain, il sera beaucoup moins
utile d'arroser et les pluies intermittentes suffiront presque toujours à entretenir la vie de la plante jusqu'à son développement
complet.

Voilà comment on peut expliquer la nécessité des arrosages
nombreux en horticulture. De même, les opérations diverses que
l'on effectue pour favoriser le développement de certaines parties
des plantes maraîchères ont leurs raisons particulières qui, pour
être incomprises ou mal connues, exposent à des insuccès en
apparence inexplicables.

LÉ ROLE DES ENGRAIS; — LE FUMIER ET LES CENDRES DES VÉGÉTAUX·

Pour faire de bonne horticulture il est indispensable d'administrer à la terre du jardin d'excellents engrais. Les engrais que l'on utilise presque toujours sont le fumier et les cendres provenant de la combustion du bois.

Nous indiquerons plus tard la manière de distribuer l'engrais au sol suivant la culture que l'on se propose de faire ; nous spécifierons avec soin quelles sont les plantes qui demandent spécialement la présence de la cendre pour parvenir à leur développement maximum. Pour le moment, nous expliquerons l'utilité de ces engrais, leur nécessité absolue dans l'agriculture en général et dans l'horticulture en particulier.

Les cendres provenant de la combustion du bois sont regardées depuis longtemps comme des engrais de premier ordre, convenant à peu près également à toutes les cultures et produisant toujours d'excellents effets lorsqu'on les mélange aux fumiers de ferme.

Il est aisé de se rendre compte qu'il en doit être ainsi.

Toutes les plantes qui se développent sur le sol, empruntent à la terre certains éléments minéraux que cette dernière renferme, éléments indispensables à la nutrition des végétaux. Parmi ces corps, sans lesquels nos prairies, nos moissons, nos forêts ne sauraient vivre et se développer, il faut citer au premier rang la potasse, l'acide phosphorique et la chaux. Ces composés sont engagés dans des combinaisons qui ont formé jadis des roches plus ou moins dures ; dans la suite des âges, ces roches désagrégées et pulvérisées ont constitué la terre arable que pénètrent les racines des plantes pour y puiser les aliments nécessaires à leur vie.

C'est un véritable travail chimique, travail lent et difficile, que les racines effectuent dans le sol pour élaborer les produits minéraux, complément indispensable des composés nutritifs que

les feuilles vertes produisent aux dépens de l'acide carbonique
et de l'oxygène de l'air. Il faut qu'il y ait un équilibre parfait
entre le travail des racines et le travail des feuilles, et la croissance de la plante suit la marche de celui de ses membres, feuille
ou racine, qui opère avec le plus de lenteur. On comprend par
là qu'une plante ne fera que végéter dans un sol pauvre en éléments minéraux nutritifs, elle n'arrivera pas non plus à un développement parfait dans une terre trop bien fumée, si les conditions atmosphériques ne sont pas excellentes.

Nous savons que dans les terrains d'une fertilité médiocre et
dans les bonnes terres cultivées depuis longtemps, la croissance
des plantes est ralentie, leur développement est entravé, par
suite de la pauvreté du sol en potasse, en acide phosphorique et
en matière azotée ; c'est pourquoi, il est indispensable de fumer
les terres afin d'entretenir leur fertilité.

Lorsque l'on répand sur un champ les cendres obtenues par
l'incinération des végétaux, on restitue à la terre les éléments de
fertilité que la végétation lui a empruntés. Cette restitution, non
seulement donne au sol les propriétés nutritives qu'il avait aupa-
ravant, mais encore elle exalte sa fécondité. En effet, pour extraire ces aliments minéraux les plantes devaient effectuer sur
les roches pulvérisées et décomposées qui forment la terre une
opération chimique difficile ; tandis que maintenant les moissons nouvelles, profitant du travail de celles qui les ont précédées,
trouvent dans les cendres, à l'état soluble et directement assimi-
lables, les sels qui leur sont nécessaires. Toutes les forces vitales
du végétal concourent alors à produire une assimilation aussi
grande que possible, une croissance rapide, un développement
extraordinaire.

Le fumier de ferme, répandu sur les champs et mélangé à la
terre par des labours, n'a pas d'autre but que d'opérer une restitution analogue, les débris organisés, les végétaux qui le constituent, partiellement décomposés par la fermentation, achèvent
de se désagréger dans le sol, mettant ainsi à la disposition des
plantes les éléments salins pris jadis à la terre. Les plantes sau-

vages, que l'on fauche dans bien des régions pour faire la litière, ont poussé lentement sur un sol peu fertile ; elles ont accumulé peu à peu dans leurs tiges et dans leurs branches la potasse, la chaux et l'acide phosphorique, que le sable et l'argile retenaient avec force et cédaient en petite quantité. Maintenant ces plantes mortes, en partie desséchées, en partie désagrégées par les déjections de l'étable, vont apporter au sol une véritable provision de sels minéraux capables de transformer une terre aride en champ fertile.

Et l'on voit par là que le fumier de ferme, confectionné en majeure partie avec des débris végétaux, opère une restitution analogue à celle qu'opère la cendre. Cependant, nous devons dire que l'action du fumier est plus complète, car il renferme des matières azotées, et l'azote est un élément indispensable à la nutrition des plantes, que l'on ne trouve pas dans les cendres ; Mais l'action des cendres est plus énergique, car elles possèdent une proportion bien plus grande d'éléments fertilisants que le fumier de ferme.

Et ce que nous venons de dire pour le fumier et les cendres végétales peut s'appliquer également aux matières organiques telles que la poudrette, la vidange, les débris animaux, les déchets de cuir et de laine, et aux matières salines telles que les phosphates, les nitrates, les sels de potasse, etc., qui sont employés aujou d'hui soit dans la grande agriculture, soit dans la culture des jardins.

Puisque les plantes enlèvent au sol une certaine quantité d'éléments fertilisants, il convient de remplacer ces éléments par des fumures d'autant plus copieuses que la récolte enlevée est plus importante elle-même. En particulier, dans un jardin potager où l'on sème, plante et moissonne sans cesse, où la terre n'est jamais en repos, où l'on doit s'efforcer de produire le maximum, il convient de fumer judicieusement, avec abondance, en essayant de maintenir les divers éléments de fertilité dans la proportion la meilleure pour assurer le développement des diverses plantes potagères. Ce dernier point est très important ;

nous avons dit comment on y satisfait avec économie d'engrais, en faisant succéder des cultures diverses sur une planche préalablement fumée, sans renouveler la fumure pour chaque nouveau légume.

Parmi les matières salines dont la présence est intimement liée à la fertilité du sol, il faut citer le phosphate de chaux combinaison de l'acide phosphorique avec la chaux. Ce phosphate existe en quantité plus ou moins grande dans toutes les terres cultivées. Les plantes prennent l'acide phosphorique dans le sol où elles croissent et les animaux le prennent aux végétaux ou à d'autres animaux qui l'ont emprunté eux-mêmes aux végétaux. Les plantes ne peuvent se développer complètement et former leur graine dans un sol privé d'acide phosphorique, de phosphate de chaux, et les animaux ont besoin de ce corps pour constituer leur squelette. Le phosphate de chaux est un aliment nécessaire ; toutes les terres renommées pour leur fertilité en renferment beaucoup plus que les sols moyennement fertiles.

Aussi nous ne saurions trop recommander de répandre uniformément une certaine quantité de phosphate de chaux sur toute l'étendue du jardin potager ; on pourra également mélanger aux fumiers ce phosphate de chaux et l'on accroitra ainsi, dans une proportion très notable, la fertilité du sol cultivé.

LES SEMIS; LA PÉPINIÈRE.

Les semis constituent l'opération fondamentale qui décide de la récolte, aussi tout bon horticulteur doit-il les effectuer avec soin. Il ne faut pas compter sur les jardiniers et sur le marché pour acquérir le plant nécessaire à l'entretien du potager, on n'obtiendrait ainsi que des légumes inférieurs et tardifs, tandis qu'en suivant les règles que nous allons indiquer, règles mises en pratique par les maraîchers parisiens, on peut doubler la production du jardin, avancer les récoltes de plusieurs mois et obtenir jusqu'à huit récoltes par an sur la même planche.

La terre destinée aux semis doit être meuble, bien travaillée, bien fumée surtout avec des terreaux ou vieux fumiers décomposés. Dans le cas où le sol du jardin serait argileux et dur, il serait utile de bien mélanger du sable fin à la terre destinée aux semis, de manière à rendre la terre moins forte. Il faut, en un mot, que cette terre soit légère, poreuse, capable d'être traversée aisément par l'eau et l'air qui, l'un et l'autre, sont indispensables à la germination des graines.

Il est nécessaire de semer dans un terrain absolument propre, la planche étant préparée depuis une semaine environ, et par un beau temps, car il arrive souvent que les graines confiées à la terre pendant une période de jours pluvieux pourrissent et ne germent pas. Il n'est pas utile de considérer le quartier de la lune pour se livrer à cette opération importante, à condition que l'on tienne les semis arrosés d'une manière convenable.

Il convient, à de très rares exceptions, de *semer en lignes* et non *à la volée*. — Dans ce dernier cas on doit semer très clair. — On obtient ainsi des semis d'un plus grand rapport, plus précoces, plus faciles à travailler, donnant du plant plus beau ; et l'on emploie moins de semence.

Sur la planche à ensemencer on place le cordeau pour marquer chaque ligne et, à l'aide du *rayonneur*, suivant le cordeau, on creuse un petit sillon profond de un à deux centi mètres. On dépose les graines dans le sillon que l'on recouvre de terreau ou simplement de la terre même de la planche si l'on ne possède pas de terreau ; mais il est nécessaire alors que le sol ensemencé soit de bonne qualité et bien préparé. On passe le rateau fin, puis on répand à la main sur tout le semis une couche uniforme de vieux fumier, que l'on brise et que l'on divise aussi bien que possible ; cette couverture est destinée à maintenir la planche chaude et humide, de plus elle fournit à chaque arrosage une certaine quantité d'engrais qui, dissout dans l'eau, est mis à la disposition des jeunes plantes. Enfin on arrose à la pomme immédiatement après le semis, et l'on ne bat jamais la terre sous prétexte de faire adhérer la graine au sol.

Il est indispensable de maintenir la planche aux semis dans un état d'humidité convenable, non seulement quand les jeunes plantes paraissent au-dessus du sol, mais encore pendant que la graine germe. Quand il fait chaud, on perd généralement les semis au moment de la germination : que la surface du semis reste sèche deux heures seulement et tout est perdu. Il en est d'ailleurs à peu près de même pour les semis déjà levés pendant la saison chaude ou par les vents secs. Il faut que la terre des semis soit maintenue superficiellement toujours humide afin que l'eau soit à portée des jeunes racines, qui s'enfoncent et s'étendent peu dans le sol. Un puits ou un réservoir prêt à fournir l'eau à tout instant doit donc exister dans tout jardin potager.

La chaleur est tout aussi utile que l'eau à la prospérité des semis, et, quand on ne dispose pas de couches, il est nécessaire de choisir le temps et la saison pour les effectuer. Mais une chaleur trop forte serait nuisible, c'est pourquoi, pendant les mois les plus chauds, il est opportun de faire les semis de choux et même ceux de salades à l'ombre, ou bien de les abriter à l'aide d'une toile.

Enfin, les loches et divers insectes ruinent souvent les semis, on emploie contre eux des insecticides : en particulier la *poudre Roseau* épandue avec un soufflet à soufrer, donne d'excellents résultats.

Il ne reste plus qu'à sarcler les semis et à les maintenir exempts de mauvaises herbes.

Dès que le plant de semis, quel qu'il soit, possède *quatre feuilles développées*, on le lève et on l'établit en pépinière.

La pépinière est la ressource du potager. Grâce à elle, la terre ne se repose jamais ; dès qu'une récolte est enlevée, du jour au lendemain, la terre une fois travaillée, on repique du plant choisi pris à la pépinière. Jamais un carreau de jardin ne doit rester inoccupé. Et il faut remarquer que le plant repiqué d'abord en pépinière, puis mis en place au moment convenable, fournit des légumes qui atteignent leur complet développement plusieurs semaines avant ceux que l'on obtient en usant de plant acheté ou emprunté à une planche de semis, que l'on a laissé pousser sans soins spéciaux. L'expérience est surprenante quand on l'effectue pour la première fois.

La pépinière s'établit dans une planche de terre abondamment fumée avec des fumiers très-consommés et des terreaux. On peut encore à la rigueur, utiliser l'espace laissé libre entre deux lignes d'asperges, ou bien la terre qui reste inoccupée dans le carreau de jardin qui a reçu le plus récemment la forte fumure ; l'essentiel est que les jeunes plants repiqués soient bien exposés à l'air libre.

A l'aide du rayonneur, on trace des sillons de 3 centimètres de profondeur, espacés de 20 centimètres ;

On *déplante* le jeune plant au moment même de le repiquer et on ne l'arrache pas ;

A l'aide du *plantoir* on fait sur chaque sillon des trous verticaux distants de 20 centimètres ;

On choisit les pieds de plant un à un, sans couper ni raccourcir les racines et en conservant la terre autant que possible autour d'elles ; puis on introduit chaque pied dans un trou, qui doit être assez profond pour ne pas faire plier les racines et pas trop pour que le collet ne soit pas enterré ;

On ramène la terre autour du pied et on nivelle parfaitement tout autour.

Cette opération doit être effectuée le soir et suivie d'un arrosage à la pomme immédiat ; ou bien encore on repique par un temps pluvieux.

Il est utile d'opérer rapidement pour éviter que le plant se fane.

Enfin la pépinière doit être paillée, soit avant, soit immédiatement après le repiquage, c'est-à-dire recouverte uniformément de débris de vieilles couches ou de fumier ancien sur une épaisseur de trois centimètres environ. Nous avons déjà indiqué à propos des semis les avantages de cette pratique.

La pépinière doit être arrosée fréquemment à la pomme, jamais directement avec le bec ou goulot de l'arrosoir. Elle fournit du plant d'élite, très hâtif, que l'on enlève en mottes pour le mettre en place, au moment même où l'on veut effectuer une plantation

LES OUTILS DE JARDINAGE.

Maintenant que nous abordons le côté pratique de notre sujet il convient de parler des outils nécessaires pour exécuter vite, bien et commodément les différentes opérations que nécessitent la direction et l'administration d'un bon potager.

On pourrait nous objecter que c'est là un chapitre inutile; que l'on sait que partout il existe des ustensiles de jardiniers ou outils que l'usage et avec lesquels de bons ouvriers obtiennent de beaux résultats. Nous [illegible] répondrons que l'horticulture est loin d'être aussi avancée dans tous les cantons de l'[illegible] et qu'il [illegible] d'adopter les méthodes et les outils des praticiens qui font mieux que les autres. On peut, à la rigueur, faire du jardinage avec des outils absolument quelconques, mais il existe des outils spéciaux qui, assurent la régularité et la perfection des façons culturales, assurent en même temps le succès et l'avenir du jardin potager.

Pourrait-on objecter encore qu'il est difficile d'imposer l'usage d'outils nouveaux à des gens habitués depuis longtemps à se servir d'ustensiles différents, même défectueux. Certes, cela n'est pas aisé; mais l'usage des outils dont nous allons parler se répand de plus en plus, et tout horticulteur, qui se donnera la peine de se familiariser avec leur maniement, en sera récompensé par l'agrément et la facilité qu'il trouvera à effectuer les divers travaux de la terre. Un outil incommode cause une perte de temps, fait mal l'ouvrage et détourne du travail. J'ai connu des praticiens qui effectuaient avec leurs mains certaines façons culturales dans les [illegible] ce qui est [illegible], très-peu expéditif. Cependant, [illegible] avec trois jours d'exercice, ils auraient appris le maniement d'outils leur permettant d'opérer plus proprement, avec moins de fatigue et quatre fois plus vite.

Un bon jardinier peut travailler bien peut-être sans outils spéciaux, mais un bon jardinier convenablement outillé fera beaucoup plus d'ouvrage et le fera mieux.

Tous les outils de jardinage doivent être faits en fer aciéreux et trempés, de manière à pouvoir être à la fois légers et résistants.

Pour les labours, pour retourner la terre, l'aérer, le mélanger au fumier, on emploiera la *Bêche* de grandes dimensions, dont la lame aura 35^{cm} de haut, 22^{cm} de large à la partie supérieure et 13^{cm} en bas ; pour les travaux moins importants on se sert d'une bêche un peu plus petite, dont la lame a 30^{cm} de haut.

Dans les terres fortes on utilise pour le même objet la *fourche à dents plates* ayant les mêmes dimensions que la bêche.

Et pour briser les mottes après les labours, on se sert de la *fourche crochue* ayant la grandeur des fourches à fumier. Cet outil et le précédent sont inutiles dans les terres légères.

On achève le hersage, commencé à la fourche crochue, avec le *gros râteau* armé de fortes dents triangulaires en fer forgé ; pour les semis on opère avec le *râteau fin*.

Pour remuer le fumier, l'entasser en couches ou l'épandre, on emploie aujourd'hui la *fourche américaine* à quatre dents.

La terre une fois mise en état à l'aide des outils qui précèdent, on tracera les sillons des semis et les lignes de repiquage à l'aide de l'une ou l'autre lame du *rayonneur* ; cet instrument trop peu connu rend d'inestimables services.

Pour exécuter les binages, sarclages et nettoyages des plantations effectuées en ligne, rien ne peut remplacer la *serffouette*. Il en faut deux, une grande de 35^{cm} pour les plantations ordinaires, une plus petite de 20^{cm} utilisée surtout dans les façons données à la pépinière.

Quand il faut pratiquer un binage superficiel dans une planche à lignes rapprochées on opère très-vite à l'aide de la *petite fourche crochue*.

Pour couper les mauvaises herbes, sarcler les semis et les éclaircir on se sert du sarcloir.

Le *crochet à biner* est précieux pour les carrés d'asperges et pour travailler le sol du jardin fruitier, car il permet de remuer profondément la terre sans abîmer les racines. Pour les très-forts binages en pleine terre on emploie la *houe*.

Le *déplantoir* sert à enlever le plant avec la terre qui entoure les racines ; le *plantoir* est une grosse cheville à pointe mousse, à manche recourbé, avec laquelle on fait le trou destiné à recevoir le pied de plant que l'on veut mettre en place.

Le *cordeau* se fabrique avec une ficelle forte et longue et deux piquets.

On affûte les piquets, les tuteurs, etc., à l'aide de la *serpe*.

Comme l'arrosage est l'opération la plus importante pendant la saison chaude, il est indispensable d'avoir dans le jardin de l'eau en abondance. A défaut d'eau de source ou de rivière on emploiera l'eau de puits ; elle sera puisée à l'avance et mise dans des tonneaux ou des terrines afin de s'aérer et surtout de s'échauffer aux rayons du soleil, l'eau froide étant nuisible aux plantations ainsi que l'eau dépourvue d'oxygène.

Pour arroser on emploie *l'arrosoir* ; il en existe divers modèles. Il faut à volonté pouvoir arroser avec le jet, mais le plus souvent on doit verser l'eau en pluie avec la pomme. On recommande beaucoup *l'arrosoir Baveneau*, il est certain qu'il permet d'arroser trois fois plus vite qu'un arrosoir à pomme et qu'il ne s'engorge jamais comme ce dernier.

Une *pompe à main* rend aussi de grands services dans un jardin de quelque importance ; un modeste potager peut aisément s'en passer. Il en est de même du *tonneau d'arrosage*.

L'important est que l'arrosage soit assez copieux, car mouiller simplement les végétaux et rendre à peine humide la superficie du sol fait le plus grand mal aux plantations. Le meilleur moment pour arroser est le soir ; mais, quoique les paresseux disent le contraire, on peut arroser à toute heure du jour, et mieux vaut arroser en plein soleil que ne pas arroser du tout ou qu'arroser trop tard.

LES FAÇONS CULTURALES

Les façons culturales, c'est-à-dire les diverses manipulations auxquelles on soumet la terre du potager ont pour but de mettre et de maintenir à la disposition des plantes potagères une quantité considérable d'éléments fertilisants. Ce résultat est obtenu par trois séries d'opérations, qui sont : 1° la fumure et le *labour*, qui ont pour effet d'ameublir la terre et de l'approvisionner d'engrais ; 2° le *sarclage*, qui enlève les plantes étrangères, inutiles ou nuisibles à celles que l'on veut cultiver ; 3° le *binage* qui entretient meuble la terre fertile, la rendant perméable à l'air et à l'eau, et qui maintient à la disposition des racines du végétal les éléments nutritifs du sol.

En appliquant les principes que nous recommandons, principes dont le professeur Gressent (1) s'est fait, le premier, l'apôtre autorisé et convaincu, on commence par recouvrir la terre à fumer d'une couche de fumier épaisse et uniforme. Le labour s'effectue avec la bêche de grande taille et l'ouvrier qui est chargé de ce travail doit, non pas retourner la terre en enfouissant le fumier à une certaine profondeur, mais couper des tranches profondes de fumier et de terre, qui seront posées obliquement, de telle sorte que la terre labourée soit véritablement lardée de tranches de fumier à une profondeur de 10cm tandis qu'elle est ameublie jusqu'à 35 et 40cm de profondeur. Les plantes repiquées dans le sol ainsi travaillé établiront leurs racines au milieu de la terre fumée, tandis que si l'on retournait le fumier au fond de la tranchée tracée par la bêche, seule l'extrémité la plus inférieure de la racine atteindrait la fumure, et la plante prendrait un développement beaucoup moindre. — La remarque ci-dessus n'est pas inutile, car bien des ouvriers horticulteurs opèrent par la méthode défectueuse que nous venons de critiquer.

Le labour ne doit pas être effectué dans une terre argileuse

---

(1) Gressent; traité d'horticulture.

lorsque le sol est trop humide, parce que chaque coup de bêche marque une surface unie, compacte, qui durcit comme une brique, de telle sorte que la terre est divisée en mottes ou fragments imperméables à l'air et à l'eau, et par suite absolument impropres aux échanges qui doivent s'effectuer sans cesse entre la terre et les végétaux.

Nous placerons ici une remarque importante et tout à fait générale.

Pour bien se rendre compte des principes énoncés dans ces causeries, il est indispensable, croyons-nous, que les jeunes élèves, après avoir étudié dans le livre et avant de se livrer aux opérations pratiques, ou bien avant de les voir dans le jardin de l'École, aient fait avec leur Maître une visite chez un bon jardinier ; c'est le vrai moyen de fixer dans l'esprit des enfants la signification précise des mots et des phrases qu'ils ont trouvés dans les livres. Il est telle opération que la description la plus minutieuse ne fera jamais aussi bien comprendre que la démonstration muette exécutée par le jardinier ; cette démonstration par l'outil permettra de plus de décrire la pratique de la façon culturale en quelques mots très clairs pour l'élève ainsi initié. Donc, les visites des enfants chez le jardinier seront toujours utiles ; elles deviendront indispensables lorsque la démonstration pratique serait incomplète ou difficile à donner momentanément dans le jardin de l'École.

Pour terminer l'exposé des principes relatifs à cette question fondamentale des labours, nous ferons remarquer que la fumure et le labour pourront s'effectuer simultanément, en une seule fois, quand la terre sera propre et meuble ; mais, dans les terres fortes, il faudra labourer d'abord la terre pour l'ameublir en se servant de la bêche ou mieux de la fourche à dents plates, puis on hersera avec la fourche crochue et avec le rateau ; plus tard on épandra le fumier, qui sera mélangé au sol par le dernier labour dont nous avons déjà parlé.

Le *sarclage* est une opération trop négligée, il supprime les mauvaises herbes et réserve ainsi pour les légumes l'air, la lumière et les éléments nutritifs du sol. Pour enlever les mauvaises herbes on opère à la main dans les semis faits à la volée ; on se sert du sarcloir dans les semis en ligne, ce qui permet d'opérer trois fois plus vite.

Le premier sarclage doit se faire dès que les graines sont bien levées ; que la mauvaise herbe soit encore très petite, ce n'est pas une raison pour retarder le sarclage, au contraire, car en l'arrachant dès qu'elle est née on risque moins d'ébranler ou d'arracher en partie les plants de semis les plus rapprochés. S la terre est trop sèche on l'arrose avant l'opération. Il est toujours bon d'arroser également après le sarclage pour reposer les semis ébranlés.

Quand le semis est trop épais, on éclaircit en même temps.

Dès que les mauvaises herbes repoussent on recommence à sarcler. Presque toujours ce deuxième sarclage est suffisant, parce que le semis qui se développe beaucoup étouffe ensuite les mauvaises herbes.

Il faut remarquer que les sarclages, surtout ceux que l'on effectue avec le sarcloir dans les semis faits en ligne, favorisent le développement du plant dans une proportion très remarquable ; par suite, ils avancent l'époque de la récolte et fournissent des légumes de meilleure qualité. Il en est ainsi parce que le sarclage produit sur les semis, dont les racines sont peu profondes, l'effet d'un véritable binage.

Le *binage*, trop méconnu des horticulteurs, est l'opération qui assure, pour la plus grande part, la précocité et la qualité des plantes potagères, par conséquent le rendement du jardin.

Souvent, par paresse, on ne bine pas les légumes qui, dans une planche non envahie par l'herbe, présentent une belle apparence et qui, d'ailleurs, sans cette opération, peuvent à l'époque de la moisson satisfaire l'horticulteur ; mais ils mûrissent plus tard, ils sont moins beaux et moins fins que les légumes binés.

Après les arrosages, il se forme souvent à la surface du sol une croûte dure imperméable à l'air et à l'humidité, aussi toutes es planches, qui ne sont pas paillées, doivent être binées, et d'autant plus fréquemment que la terre est plus compacte. Il faut aux engrais enfouis l'action de l'air et de l'humidité pour se décomposer et mettre leurs éléments nutritifs à la disposition des végétaux ; le binage, qui entretient l'état physique du sol le plus favorable aux échanges entre la terre et les racines, agit puissamment sur la végétation. Il semble que le sol biné s'imbibe des rosées et de l'humidité qui remonte des couches profondes du sol, aussi un bon binage vaut-il un arrosage, et, dans les terrains forts, il est indispensable de biner assez fréquemment pendant les chaleurs.

En résumé, le binage doit ameublir la terre, il n'a pas pour but d'enlever les mauvaises herbes des plantations. On le pratique avec la serfouette. Les dents de l'outil servent à travailler dans le voisinage des racines sans les endommager ; avec la lame on remue la terre entre les lignes de légumes. Quand la saison n'est pas trop sèche et que les planches sont propres, on peut se contenter de herser avec la petite fourche crochue à une profondeur de 10 centimètres environ ; cette opération est très rapide et très-favorable au développement des plantes potagères.

LES OBSERVATIONS MÉTÉOROLOGIQUES

Les conditions atmosphériques : la pluie, la neige, la gelée, la chaleur excessive, la grêle, ont une influence prépondérante sur la végétation des plantes et un horticulteur consciencieux doit s'inquiéter du temps qu'il va faire avec le soin qu'il met à effectuer au bon moment les diverses façons culturales. Du reste, la vogue que les almanachs prédisant le temps possèdent dans les campagnes est bien une preuve de l'importance qu'il convient d'attribuer à cet élément de succès ou de ruine, sur lequel nos efforts ne peuvent rien pour le modifier.

Il est surtout indispensable de surveiller les couches et les chassis, qui renferment les semis et les pépinières de primeur, dont la ruine causerait une perte considérable et irrémédiable pour le potager. Dans les conditions spéciales où nous nous sommes placés, cette surveillance sera peu fatiguante, puisque le jardin contiendra un seul chassis, occupant la partie supérieure du tas de fumier pendant trois mois tout au plus.

La *neige* ne doit jamais recouvrir le chassis ni la couche chaude. Quand on craint de la voir tomber, où dès qu'elle commence à tomber, on recouvre avec soin le chassis et la couche de paillassons, et dès qu'elle a cessé, on enlève le paillasson et on balaie. Il ne peut être question de préserver les plantes du jardin de la neige; du reste, celle-ci ne leur est pas en général nuisible ; il faut couvrir uniquement les semis et les plants de primeurs placés sous chassis ou sous cloche.

Dans le même ordre d'idées, il faut éviter avec un soin scrupuleux l'excès *d'humidité* sous les chassis ; car, si un peu d'eau est indispensable aux semis, une humidité trop grande les fait pourrir. Les vitres des chassis et les verres des cloches seront toujours maintenus clairs et propres ; on les essuiera de temps en temps, jamais on ne les badigeonnera en blanc. Chaque fois que le soleil paraîtra, on entr'ouvrira le chassis pour l'aérer, et, dès que la température s'adoucira, on le lèvera complètement pendant quelques heures.

Les *gelées*, surtout les gelées blanches de printemps et d'automne, causent souvent la ruine des pépinières en pleine terre et retardent beaucoup la récolte dans le potager. C'est pourquoi, dès que les gelées sont à craindre, l'horticulteur doit préparer tout ce qui est nécessaire afin de protéger les plantes les plus fragiles. Auprès des plantes mises en place en dernier lieu, il faut transporter de la litière pour les couvrir à la première crainte de gelée. Les paillassons, mis le soir sur des piquets hauts de 35 centimètres et reliés par des fils de fer, protègent suffisamment les salades et même les haricots de dernière saison pour permettre d'achever une excellente récolte. Les cloches sont également d'un précieux secours lorsqu'on en possède, et c'est là une dépense rémunératrice devant laquelle on ne devrait pas reculer.

Quant à la grêle, si elle est légère, mêlée aux giboulées de pluie comme en mars et avril, on protège facilement les chassis, les cloches, les semis et les pépinières avec quelques paillassons. Mais les fortes grêles de la saison chaude produisent des ravages impossibles à éviter pour les légumes en place. On doit s'efforcer de protéger les semis et les pépinières, qui permettront de réparer, dans une certaine mesure, la ruine partielle ou totale des récoltes grêlées.

Il est impossible sans doute de prédire un an à l'avance le temps qu'il fera pendant chaque jour ou même chaque mois de l'année suivante, mais à l'aide de quelques instruments, on peut avec une grande probabilité prévoir les changements de temps 24 heures ou 48 heures à l'avance. Ces instruments sont : le *baromètre*, le *thermomètre à minima* et la *girouette*.

Nous comprenons fort bien qu'un pauvre agriculteur n'adjoigne pas à son potager et à ses instruments aratoires les appareils ci-dessus, dont le prix lui paraîtrait peut-être un peu fort, quoiqu'il en puisse retirer des avantages considérables. L'instituteur doit les posséder et les observer, afin de pouvoir donner des conseils et des renseignements à ceux qui lui en demanderont

Le baromètre est un instrument qui mesure la pression atmosphérique et les variations de cette pression. Les orages, les perturbations de toute nature, qui produisent dans l'air des vagues et des courants gigantesques, entraînant des masses de vapeur d'eau, de nuages et de pluie, modifient évidemment le poids de la colonne d'air qui s'élève au-dessus du sol. Le trouble profond causé dans l'atmosphère tout autour d'un orage ou d'une bourrasque est décelé par le baromètre avant que le centre du phénomène soit arrivé au-dessus de nous. Les physiciens ont remarqué dans quel sens variait le baromètre à l'approche des changements de temps, et cet appareil de physique est ainsi devenu des plus précieux afin de prévoir la pluie, les tempêtes ou le retour du beau temps. Le baromètre qu'il convient d'employer pour les observations agricoles est le baromètre anéroïde, désigné aussi sous le nom de baromètre métallique. Dans cet appareil, la pression atmosphérique est indiquée par une aiguille qui se déplace devant un cadran divisé. Quand l'aiguille s'arrête en face de la division marquée 750, on dit que la pression atmosphérique ou barométrique est de 750 millimètres. Cela veut dire que le poids de la colonne d'air depuis le sol jusqu'à l'extrême limite de l'atmosphère, au lieu où le baromètre est situé, est égal au poids d'une colonne de mercure ayant même base et une hauteur de 750 millimètres. — Au centre de la vitre qui recouvre le cadran est un bouton à l'aide duquel on peut faire tourner une aiguille dorée. Quand on fait une observation, on amène l'aiguille dorée au-dessus de l'aiguille du baromètre et l'on peut voir ainsi au bout de quelques heures si la pression atmosphérique a augmenté ou diminué.

Dans nos régions tempérées, pour les plaines peu élevées au-dessus du niveau de la mer, la pression moyenne est voisine de 760^{mm} et l'on peut dire : 1° quand la pression diminue et s'abaisse notablement au-dessous de 760, la pluie est probable à brève échéance ; de plus, si la baisse barométrique est lente et continue pendant plusieurs jours, le temps pluvieux sera de quelque durée. 2° Quand la pression barométrique augmente, le temps se met au beau ; le beau temps sera fixe si la pression augmente lentement et s'élève notablement au-dessus de 760. 3° Les variations brusques et considérables de la pression atmosphérique annoncent des orages ou des tempêtes.

Il faut remarquer que les indications du baromètre permettent de prévoir les changements le temps avec beaucoup plus de sécurité pendant l'été que pendant l'hiver et le printemps.

Pendant la saison froide et humide, le thermomètre à minima fournit pour la prévision du temps des indications précieuses et très-rarement en défaut.

Il convient d'employer le thermomètre de Rutherford. C'est un thermomètre à alcool à l'intérieur duquel on a placé une petite tige d'émail. Chaque soir, on incline le thermomètre le réservoir en l'air pour faire descendre l'index jusqu'à l'extrémité de la colonne d'alcool dans la tige, puis on suspend sous une planche à l'air libre l'appareil légèrement incliné, le réservoir un peu plus bas que l'extrémité supérieure de la tige. Le lendemain matin, la position de l'index d'émail indique le point le plus bas atteint par la colonne d'alcool et par suite, la température minimum de la nuit.

1° Quand la température minimum de la nuit s'abaisse d'un jour à l'autre, le temps se met au beau.

2° Quand la température minimum de la nuit s'élève, le temps tourne à la pluie ou à la neige.

Enfin la girouette fait connaître la direction du vent et, comme l'on connaît par l'expérience, dans chaque région, la direction des vents qui amènent la pluie, les orages ou le beau temps, il faut rapprocher les indications de la girouette de celles que fournissent le thermomètre et le baromètre.

L'état du ciel permet également des pronostics précieux :

De gros nuages au couchant annoncent la pluie, il en est de

même des cirus nombreux, élevés dans le ciel, et des brumes que l'on observe autour de la lune.

Le brouillard après les pluies d'été, signe de beau temps ; les éclairs le soir, par un ciel sans nuages et un temps chaud, annoncent la sécheresse.

Les animaux eux-mêmes donnent des indications certaines. Avant les orages, les abeilles rentrent à la ruche, les poules se rapprochent du poulailler, les oies et les canards volètent au-dessus des mares, les hirondelles rasent le sol, les martinets volent très haut.

Un agriculteur doit profiter de tous les renseignements, aussi bien de ceux que lui donne la nature que de ceux que lui fournit la science.

LES INSECTES ET LES ANIMAUX NUISIBLES
LES OISEAUX

Malgré tout le soin que l'horticulteur apporte à bien faire les semis, à bien exécuter les diverses façons culturales, il arrive souvent que le potager est envahi par des ennemis qui compromettent la récolte. Il faut se prémunir contre leurs attaques et leur faire une guerre acharnée, sous peine de perdre le fruit de son travail.

Les insectes sont surtout à redouter, et parmi eux, les *vers blancs*, les *courtilières*, les *chenilles*, les *pucerons*, les *loches*, les *escargots*.

Le ver blanc est la larve du hanneton. On a recommandé plusieurs recettes pour s'en débarrasser ; la suivante est assez connue. On utilise comme fumure les déchets de laine ; les légumes s'en portent fort bien et les vers blancs fort mal, dit-on, car ils disparaissent pendant plusieurs années. Les insecticides, le sulfure de carbone par exemple et les sulfocarbonates ont été indiqués ; pour les employer, on injecte le sol avec une certaine quantité de ces produits comme quand on traite les vignes phylloxérées. Enfin, dans ces derniers temps, on a remarqué que les vers blancs étaient envahis quelquefois par un parasite, une sorte de moisissure qui les faisait périr rapidement. On a eu l'idée de cultiver dans des laboratoires ces germes de moisissures pour les semer ensuite dans les terrains infestés de vers blancs où ils amènent la mort de ces derniers. Il est nécessaire, pour réussir, d'opérer avec quelques précautions faciles à suivre et indiquées par les vendeurs du produit en question.

La courtilière, ou taupe-grillon, produit des ravages terribles dans certaines régions, et l'on ne connaît guère de procédés commodes pour la détruire. Elle dépose souvent ses œufs dans les fumiers ou composts et, quand on rencontre un nid, il faut tuer tous les insectes que l'on y trouve. Il est possible que les insecticides les éloignent, mais on manque de données certaines à cet égard.

Les chenilles envahissent les arbres et les choux ; le plus simple est d'écheniller avec soin. Dès qu'elles paraissent sur les choux, on visite chaque plante, et, les ciseaux à la main, on donne un coup à chaque insecte. Gresseat recommande d'établir au milieu de la planche de choux une couvée de poussins, avec leur mère sous une cage à claire-voie ; les petits poulets dévorent rapidemen[t] les chenilles.

Les loches et les escargots sont plus faciles à combattre. En mettant de la cendre ou du plâtre dans les sentiers du potager, en traçant autour des planches une sorte de cadre avec ces matières on fait périr beaucoup de ces ennemis redoutables pour les semis et pour les pépinières. En répandant un peu de son sur des bri- ques, on y trouve le matin un grand nombre de loches que l'on tue. — Enfin, pour sauver les semis contre l'invasion de la petite loche, il suffit de les saupoudrer à l'aide d'un soufflet, de *poudre fondroyante Rozeau*. C'est le meilleur insecticide à employer sur les semis et même sur les plantes repiquées en pépinières. La pou- dre Rozeau détruit parfaitement les pucerons des fèves et des artichauts ; on administre cette poudre trois fois, à trois jours d'intervalle, sur les plantes humides de rosée.

La *puce de terre (altise)* s'attaque parfois aux semis de choux de telle manière qu'il faut brûler le semis pour détruire ces insectes ; quelquefois un arrosement très fort donné en plein soleil suffit pour les noyer. Mais quand il s'agit de protéger les pépinières et les choux-fleurs mis en place les recettes précédentes ne peu- vent s'appliquer ; heureusement, M. le docteur François a publié un procédé que nous copions sans y rien changer.

« Vous prenez une plaque de fer blanc, tôle ou zinc, de 20 centimètres de côté, avec un rebord de 1 centimètre, munie d'une échancrure, emmanchée à 45 degrés d'un manche léger, long de 1ᵐ, 50. Vous enduirez l'intérieur d'une substance poisseuse : glue, goudron, térébenthine, etc., puis, en plein midi, vous glis- serez légèrement cette plaque sous le chou-fleur, le pied dans la rainure. Les altises sautent ou tombent et se trouvent collés sur la plaque.

« Dans cinq minutes on traite une planche de cent choux-fleurs ;
il faut faire la chasse plusieurs jours de suite.

« Comme j'ai eu avant ce procédé plusieurs planches détruites,
je désire éviter à mes confrères en jardinage le même désagré-
ment. »

On peut de même détruire les *criocères*, insectes qui ravagent
les asperges.

Quant aux quadrupèdes qui fréquentent le jardin, sauf le
hérisson, qui vit de limaces et d'insectes et que nous devrions
protéger, tous les autres doivent être éloignés ou détruits.

Le *lapin*, dans les pays où il pullule, est un véritable fléau ;
il dévore tout depuis l'herbe jusqu'au arbres, en passant par
les choux. Dans ce cas il est indispensable de clôturer le jardin,
de l'entourer tout au moins d'un treillage en fil de fer s'enfonçant
légèrement dans le sol et s'élevant au-dessus d'un mètre environ.

Le *loir* est terrible pour les espaliers ; il ronge sans cesse, et
quoi qu'on en ait dit, il fait du mal en toute saison. Pour s'en
débarasser, on tend des souricières avec du lard grillé. On peut
encore, le soir, le guetter à l'affût et le tuer avec une carabine
flobert ou un fusil de petit calibre chargé de cendrée ; l'opération
est facile car le loir n'est pas craintif.

On a dit que les *taupes* devraient être protégées car elles dévorent les vers blancs et les vers rouges ; mais, si l'on considère
qu'elles abiment les planches en y détruisant les semis et les
plantes déjà mises en place, on conviendra que c'est là un bien
gênant auxiliaire. Mieux vaut s'en débarasser ; on utilise dans ce
but le piège à taupe, qu'il faut placer sur son chemin avant qu'elle
y passe. Or la taupe circule et fouille généralement quatre fois
par jour : à six heures du matin, à midi, à quatre heures, à six
heures du soir. Le piège sera installé de la manière suivante :
on fait un trou sur le trajet de la galerie ; on établit le piège
tendu de façon que les pinces encadrent juste les deux orifices de
la galerie donnant sur le trou ; latéralement, pour empêcher la
taupe de passer à coté du piège, on dispose deux planchettes ou,
deux fragments de brique ; enfin, on rebouche soigneusement

avec des mottes de terre et de gazon provenant du trou, et on fix^e
une baguette au-dessus pour indiquer la place du piège.

On peut avec succès se servir du *tord-boyau* pour empoisonner
les *mulots* et les loirs, d'autant plus que les autres moyens sont
souvent infructueux pour en délivrer le jardin. Cependant on
arrive à garantir les semis de pois et de fèves, qu'ils ruinent parfois complètement, en opérant comme il suit : on tend à 20^{cm} du
sol, autour des planches et au milieu, quelques ficelles auxquelles
on attache de distance en distance, avec un bout de fil long de
10^{cm}, des feuilles de papier de 20^{cm} froissées et suspendues par
le milieu. Quand les rats entrent dans le semis et qu'ils touchent
une ficelle ou une feuille de papier, tout remue et les ennemis
s'enfuient épouvantés.

Parlons maintenant des oiseaux.

Presque tous sont nos auxiliaires, car ils détruisent les ennemis
de nos récoltes : il y a cependant des exceptions qu'il faut chasser
avec ardeur.

Les oiseaux de proie nocturnes et diurnes mangent des quantités
très grandes de mulots et de rats, il faut donc les respecter.
La chouette, sans doute, s'introduit parfois dans le pigeonnier
pour croquer les jeunes pigeons et la buse attrappe des perdreaux
et quelques poussins ; il faut se contenter de tuer seulement les
oiseaux rapaces qui prennent l'habitude de fréquenter la basse-
cour ; en définitive, ils font plus de bien que de mal.

Les corbeaux dévorent un nombre prodigieux de vers.

Les geais et les merles, avant que les cerises soient mures,
détruisent les insectes : plus tard on les chasse du potager et des
arbres fruitiers à l'aide de quelques coups de fusil tirés sur eux de
temps en temps pendant trois semaines.

Tous les petits oiseaux à bec fin et droit, tels que les fauvettes,
les mésanges, les bergeronnettes, les rossignols, doivent être
protégés. En toute saison ils vivent d'insectes et leur présence
en grand nombre dans le potager assure pour une bonne part la
vie des plantations de légumes.

Au contraire, les moineaux, les chardonnerets, les bouvreuils, les linots et autres oiseaux avides de graines, doivent être chassés sans pitié. On les prend avec des gluaux au-dessus des plantes potagères montées en graines et on les chasse régulièrement à l'aide d'une carabine flobert ; on évite ainsi de faire trop de bruit et d'éloigner les becs fins qui sont nos auxiliaires.

La pie doit être pourchassée sans miséricorde : cet animal destructeur et pillard n'est d'aucune utilité pour l'horticulteur.

On voit par là combien l'horticulteur doit veiller à son jardin.

Du commencement à la fin de l'année, chaque jour, il y a du travail dans le potager, soit pour préparer les récoltes futures, soit pour entretenir les plantations, soit pour les protéger contre leurs ennemis.

LA CULTURE DES LÉGUMES

Quelques uns de nos abonnés, nous parlant des causeries publiées l'an passé dans *l'Agriculture Nouvelle* au sujet de l'Horticulture, nous disaient qu'il est sans doute utile de connaître les principes scientifiques qui prés-lent à l'évolution des plantes potagères, à la préparation du sol, et à l'entretien des semis, mais qu'il serait non moins utile pour beaucoup d'amateurs de jardinage de connaître les éléments fondamentaux de la culture de tel ou tel légume.

A cela nous répondions que les livres de jardinage étaient nombreux, qu'il y en avait de très bien compris et que le *traité* de *Gressent* était particulièrement recommandable.

Assurément, nous a-t-on objecté, mais un amateur de jardinage n'aime pas toujours à compulser un gros volume de cinq cents pages ; il n'a pas besoin de tant de science ou du moins il en fait fi et, d'autre part, il reconnaît que les indications sommaires inscrites sur les paquets de graines qu'il achète sont insuffisantes. Vous devriez publier un petit résumé de la culture des principaux légumes, qui devraient se trouver dans les potagers de toutes les fermes; dans ce pays, les propriétaires ne cultivent souvent que des choux, des navets et des haricots, parce qu'ils ne savent pas faire pousser autre chose.

C'est pour essayer de donner satisfaction à ce désideratum que nous allons publier une nouvelle série d'articles sur l'Horticulture; nous nous efforcerons d'être clairs et concis, sans rien omettre d'essentiel. Les procédés de culture que nous recommandons ont été mis en pratique sous nos yeux et nous avons constaté qu'ils donnaient d'excellents résultats. Il est bien entendu que, pour toutes les opérations générales : assolement, fumure, façons culturales, semis, etc., il convient de se reporter aux causeries publiées l'an passé.

Chaque causerie sera consacrée à un légume spécial ou à une catégorie de légumes présentant certaines analogies.

LES CHOUX

Voilà un légume fondamental pour le potager de la ferme et l'on doit faire en sorte d'en récolter en toute saison. Ce résultat sera obtenu en semant puis repiquant en pépinière, à des époques bien choisies, des variétés de choux convenables.

Comme cette plante possède un développement foliacé considérable, il est tout indiqué de la cultiver dans le carré de jardin, qui a reçu le plus récemment une abondante fumure ; c'est le carré que nous désignerons par le chiffre I. Il est bien établi que parmi les éléments nutritifs que le sol fumé tient à la disposition des plantes, les produits azotés, tels qu'on les trouve dans le fumier frais et, d'une manière générale, dans les matières organiques en décomposition, sont favorables au développement des feuilles. Quand on plante, dans une terre où l'azote domine, une plante quelconque, il semble que toute la force du végétal se porte sur la feuille au détriment des autres parties : si la plante comporte naturellement un feuillage développé, comme le chou, elle prend alors une croissance très rapide ou une taille peu commune.

On distingue deux races principales de choux pommés : le chou *Cabus* à pomme lisse d'un vert glauque et le chou *Milan* à pomme frisée, d'un vert foncé. Les premiers se sèment de préférence en août et les seconds au printemps ; mais ce n'est pas là une règle exclusive et il est très possible de les cultiver en toute saison, avec plus ou moins de succès, en choisissant bien les variétés qui sont nombreuses.

Les choux cabus se sèment pendant le mois d'août. Dès que le plant a quatre feuilles on repique en pépinière dans une terre profondément ameublie et fumée avec du terreau. Il est utile que durant la première partie de sa végétation le plant soit protégé contre un soleil trop vif. Les arrosages multipliés sont indispensables ; quand il fait chaud on doit les répéter plusieurs fois par jour ; enfin le plant est mis en place pendant l'hiver au moment convenable. — Mais il arrive parfois que la récolte est perdue, soit à la suite d'un hiver excessivement rigoureux, soit au contraire après un hiver trop doux pendant lequel les choux mis en place montent sans pommer. La pépinière permet souvent de réparer le mal. Dans tous les cas, on peut semer sur couches en février, pour repiquer en pépinière en mars et mettre en place en avril. Le chou *d'York* est recommandé dans ce cas parce qu'il pomme vite. Bien des horticulteurs opèrent toujours de cette manière, semant en août, en février et même en mai juin, afin d'avoir des choux cabus en toute saison.

Enfin, dernière précaution, lorsque l'on s'aperçoit qu'un pied de chou a tendance à monter, on le déplante, on le laisse hors de terre de manière à ce qu'il commence à se faner, puis on le repique avec soin à la place qu'il occupait d'abord, et le plus souvent il pomme. Cependant nous devons dire que si l'on a bien soigné et bien choisi le plant, 1° quand on l'a transporté du semis en pépinière, 2° quand on l'a mis en place, en éliminant tous les pieds qui paraissent défectueux, on a peu à craindre l'accident. Nous avons fait maintes fois cette expérience dans une terre légère où les choux pomment difficilement.

Nous ne saurions trop répéter que l'arrosage est une des premières conditions du succès. Pour utiliser le mieux possible l'eau administrée aux semis et aux pépinières, il est bon d'entourer les planches d'un léger rebord en terre surélevé de deux centimètres ; il empêche l'eau de s'écouler dans les allées qui sont toujours à un niveau un peu plus bas que les plates-bandes.

Règle générale : dès que la pomme se forme, il faut arroser au pied seulement et ne pas mouiller les feuilles.

Les choux de Milan se cultivent de la même manière, cependant on a coutume de les semer plutôt de février en mai. On obtient ainsi pour les variétés hâtives des pommes dès le mois de juin et pour les variétés communes des choux bons à récolter au commencement de l'hiver et se conservant jusqu'au mois de mars. Il faut une gelée très forte pour détruire les choux de Milan, tandis que

les choux cabus se perdent par une gelée modérée; c'est pourquoi
des horticulteurs, qui ne méritent guère ce nom, ne cultivent
jamais les cabus pour les avoir pendant l'hiver. Avec les précautions que nous allons indiquer, on pourra avoir en abondance les
variétés à feuille lisse aussi bien en hiver qu'en été et l'on pré-
servera la récolte contre les froids trop rigoureux.

Dans les terres légères et sablonneuses, on fait un fossé au
milieu même de la planche de choux ; on arrache ceux-ci ; on les
plante la tête en bas : on recouvre de 12 centimètres de terre et,
quand il gèle, on ajoute une couche de paille et de fumier ; on
retire les choux un à un pour les besoins de la ferme. Ce procédé
n'est pas excellent pour les terres fortes. Il vaut mieux alors
arracher les choux et les replanter côté à côté dans un cellier ou
même dans le jardin ; dans ce dernier cas, on les établit au fond
d'une fosse large de 1^m, 50, et quand les gelées arrivent, on
recouvre la fosse de paille, de paillassons maintenus par des
branches ou des piquets placés en travers de la fosse. Enfin,
dans certains pays, on couche les choux d'arrière saison vers le
sol, en enlevant de la terre du côté du nord et chargeant la tige
avec cette terre du côté du midi ; ils résistent ainsi plus
longtemps.

Les choux doivent être mis en place à une distance variant de
60^{cm} à 1^m, suivant les dimensions qu'ils peuvent acquérir. Il est
indispensable que l'air puisse circuler à travers les feuilles, et, si
l'on plante trop près, les choux se développent trop en
hauteur.

Il existe une variété considérable de choux, mais nous ne conseillons pas d'en cultiver un grand nombre. Mieux vaut en choisir
seulement trois ou quatre bien appropriés aux besoins de la
culture et de la consommation et s'en tenir là : on simplifie ainsi
les semis et l'entretien du bon ordre dans les pépinières. Sans
compter que l'on se rend mieux compte, en étudiant plusieurs
années de suite les mêmes variétés de légumes, des effets produits
sur eux par les diverses façons culturales, et l'on arrive en peu

aux fortes gelées. Il donne des pommes grosses et de bonne qualité. On le sème de mai à juillet.

REMARQUE. — La graine de chou conserve ses propriétés germinatives pendant quatre ans au moins, mais il n'est pas prudent de la conserver un temps plus long.

LES CHOUX-FLEURS, LES BROCOLIS,
LES CHOUX DE BRUXELLES.

Les légumes dont il est question dans ce chapitre sont trop peu cultivés; la plupart des potagers de la ferme n'en possèdent jamais et cela est d'autant plus regrettable qu'ils sont excellents. Ils permettent de varier l'ordinaire d'une façon agréable et utile à la santé; de plus on peut toujours les vendre à un prix rémunérateur. C'est donc à tous les points de vue une ressource que de les cultiver. Mais, il faut reconnaître que si le chou ordinaire réussit, — bien ou mal — sans lui donner les soins que nous recommandons, le chou-fleur et le chou de Bruxelles, le premier surtout, sont plus délicats; et, pour les faire pousser vite et bien, il est indispensable de ne pas s'écarter des prescriptions qu'une longue expérience a fait découvrir aux horticulteurs.

Le chou-fleur, quand on dispose de couches et que l'on pratique l'assolement de quatre ans, peut être récolté en toute saison: il en est à peu près de même, sans l'aide des couches dans les pays où il ne fait pas trop froid: tout au plus en sera-t-on privé pendant trois mois.

Le chou-fleur est semé sur couche pendant la saison froide, c'est-à-dire en février, puisque dans les conditions où nous sommes placés nous pouvons disposer d'une couche chaude dès le milieu de l'hiver. On repique en pépinière une première fois sur couche dès que le plant a quatre feuilles, en disposant les pieds à 12 centimètres environ les uns des autres. Quand les pieds plus développés se touchent, on les repique une deuxième fois en pépinière à 25 centimètres les uns des autres, sur couche s'il fait froid, mais le plus souvent en pleine terre et il suffit d'abriter la nuit avec des paillassons tant que les gelées de printemps sont à craindre. Enfin on met en place dans le carreau le mieux fumé. — Toutes ces opérations, semis et repiquage en pépinière, se font en pleine terre quand il ne fait pas froid.

Obtenir un plant de choix, en opérant comme nous venons de le dire, est une condition absolument indispensable de succès, mais il existe une autre précaution tout aussi importante, c'est l'arrosage. Le chou-fleur demande beaucoup d'eau. Les semis et les pépinières seront conduits comme pour les choux ordinaires ; on tiendra la terre humide sans excès par des arrosages journaliers effectués à la pomme ou avec le brise-jet Raveneau, mouillant indistinctement les feuilles, le pied et la terre. Mais dès que le chou-fleur sera mis en place et que la pomme commencera à se former, il deviendra indispensable d'arroser beaucoup et seulement au pied du chou sans mouiller la pomme. Un arrosage par jour est nécessaire. — Enfin il faut abriter la pomme contre les ardeurs trop vives du soleil ; on y arrive en brisant la nervure de quelques grosses feuilles vers le milieu et repliant la partie supérieure sur le centre du chou-fleur.

On réussit quelquefois les choux-fleurs sans employer toutes ces précautions, mais on les manque très souvent et on ne les a ainsi que tardifs ; tandis qu'en suivant scrupuleusement les préceptes que nous recommandons, on est certain d'un succès complet obtenu en très peu de temps.

Pour préciser les indications relatives aux bonnes époques des semis et des repiquages, nous dirons :

1° Semer au commencement de février sur couches et sous chassis vitré, on repique en pépinière sur la couche même qui est alors moins chaude ; le deuxième repiquage se fait sur la couche refroidie maintenant, car à mesure qu'elle est plus ancienne elle devient plus froide, le fumier ne fermentant plus. On met en place en pleine terre fin mars ou pendant le mois d'avril ; on récolte fin mai et juin.

2° Semer en mars sur la couche qui n'est plus très chaude ; repiquer en pépinière une première fois sur la couche ; en avril, repiquer une deuxième fois en pleine terre, mettre en place vers mai juin pour récolter en juillet et août.

3° Semer à la fin d'avril ou au commencement de mai et encore en juin, en pleine terre et à l'ombre comme pour les choux ordinaires ; la culture est identique à celle de ces derniers, mais on effectue toujours deux repiquages en pépinières. Pendant

la forte chaleur, plusieurs arrosages par jour sont nécessaires
On met en place de juillet en août soit dans une planche spéciale
soit en contreplantation, et l'on obtient des produits de septembre
à novembre suivant l'époque des semis et de la mise en place
définitive.

A l'approche des gelées on arrache les choux-fleurs ; on coupe
la jambe et les grandesfeuilles et on les suspend la tête en bas
au plafond d'un cellier ou mieux d'une *serre à légumes*. Ils se
conservent ainsi en se flétrissant quelque peu, et vingt-quatre
heures avant de les utiliser on avive la section de la tige pour les
mettre à tremper dans l'eau sans mouiller la pomme.

Parmi les choux-fleurs à cultiver on peut choisir :

Le chou-fleur *nain d'Erfurth* qui est très hâtif, peu élevé, se
cultivant en toute saison;

Le chou-fleur *demi dur de Paris* est une excellente espèce,
beaucoup plus volumineuse que la précédente et de toute saison;

Le chou-fleur *demi dur de St Brieuc* est très rustique, gros,
blanc et très avantageux à tous les points de vue. Les sols les
plus divers lui conviennent ; mais il ne faut pas oublier cependant
que les choux-fleurs préfèrent un terrain meuble et léger plutôt
qu'une terre trop forte.

Les brocolis sont beaucoup plus faciles à cultiver que les
choux-fleurs ; comme l'on s'accorde à dire que ce dernier ne
vient pas dans certains terrains, dans ceux qui sont tout à fai^t
argileux par exemple, les brocolis sont précieux pour les remplacer, d'autant plus qu'il en existe des variétés tout à fait
excellentes. La culture en est la même que celle des choux
ordinaires, cependant il est avantageux d'effectuer deux repiquages en pépinière comme pour les choux-fleurs, on obtient ainsi
des légumes plus parfaits.

Il est particulièrement favorable de semer en mars sur couches
et sous châssis, à moins que la température ne soit très douce
auquel cas on sème en pleine terre ; quand il ne gèle plus on

effectue les repiquages en pleine terre et l'on met en place, toujours dans le carré I, dès que le plant est bien développé. On récolte vers la fin de l'été et pendant tout l'automne. Quand on veut avoir ce légume en hiver et au printemps, il faut faire les semis en pleine terre fin août et septembre; le repiquage en pépinière a lieu dans un endroit abrité et l'on met en place dans une planche bien fumée et abritée contre le froid autant que possible ; dans tous les cas, on couvre pendant les nuits froides avec des paillassons et même avec des chassis.

Nous recommandons :

Le *chou-fleur noir de Sicile* qui est d'excellente qualité, tête de couleur violacée;

Le *brocoli de Roscoff* qui est très hâtif et qui réussit surtout quand on le sème au printemps;

Le *brocoli blanc hâtif* peut être cultivé en toute saison, au printemps, on sème en mars et avril ; pour la culture d'hiver on sème en août et septembre.

Les *choux de Bruxelles* moins cultivés encore que les choux-fleurs devraient se trouver dans tous les potagers, car ils résistent admirablement à la gelée. On les sème successivement depuis avril jusqu'en juin et on récolte depuis l'automne jusqu'à la fin de l'hiver. Ce chou, qui est un chou frisé, produit tout le long de la jambe, à l'aisselle des feuilles, de petites pommes que l'on cueille avant qu'elles aient la grosseur d'une noix. Afin que ces pommes soient fermes et régulières, il faut supprimer les grandes feuilles en cassant la queue à dix centimètres de la tige dès qu'il apparaît une pomme à l'aisselle de cette feuille. Les semis s'effectuent comme ceux de choux, un seul repiquage en pépinière suffit et l'on arrose consciencieusement pendant la saison chaude. La mise en place a lieu dans le carré I.

Nous recommanderons seulement une variété: le *chou de Bruxelles demi-nain*, variété nouvelle, rustique et excessivement productive, dont la hauteur ne dépasse pas 65 centimètres.

Remarque. — Les graines des diverses variétés de choux se

conservent aisément pendant quatre ans. Nous ne conseillons pas aux horticulteurs novices de récolter eux-mêmes leurs graines : mieux vaut les acheter de confiance chez un marchand grainier. La dépense sera minime si plusieurs personnes s'associent pour faire venir les graines des différentes sortes de légumes.

LA LAITUE, LA CHICORÉE, LA MACHE, LE CRESSON, LES ÉPINARDS.

Dans un jardin bien tenu, il doit y avoir toujours de la salade, et en particulier de la laitue. Ce résultat n'est pas difficile à obtenir, à la condition que le potager soit administré par un horticulteur laborieux, qui s'intéresse à ses cultures. Le travail du jardin n'est pas très pénible en général, — nous parlons bien entendu d'un petit potager destiné uniquement aux besoins de la maison, — mais il demande une grande assiduité; il faut lui consacrer chaque jour un peu de temps.

Ainsi, la prospérité du jardin est assurée en partie par les semis d'août; or, bien des cultivateurs — je devrais dire presque tous — ne sèment pas en août, prétendant qu'il est très difficile de réussir les semis en cette saison. Cela se comprend; il est indispensable d'arroser deux fois par jour plutôt qu'une les semis pendant le temps chaud; or, dans bien des campagnes, on n'arrose presque pas les potagers. On se contente de les établir dans un endroit frais et l'on admet que l'eau donnée par la pluie eur suffit. Avec une heure d'arrosage matin et soir, on changerait du tout au tout l'aspect du potager; il est bien rare que dans une ferme, pendant les très longues journées d'été, il s oi impossible de trouver deux heures à consacrer à ce travail; ce n'est pas là du temps perdu et la terre rendra au centuple le prix du temps qu'on lui aura consacré.

Pour toutes les plantes potagères dont nous allons parler dans ce chapitre, les semis d'août ont une importance considérable.

La laitue est la meilleure des salades; avec des soins, on peut en avoir pendant presque toute l'année et elle se cultive dans tous les terrains. Cependant elle vient de préférence dans une terre mixte, c'est-à-dire légère et un peu argileuse, tandis qu'un sol trop compact lui est nuisible, parce que jamais le collet de la laitue, surtout quand elle est à l'état de plant, ne doit être serrée par la terre dure et trop tassée. Quant à la fumure, il lui faut une terre riche en principes nutritifs, mais le fumier frais ni est nuisible, car il provoque une végétation exubérante et la laitue *monte*. Cette remarque convient à la plupart des salades ; aussi nous établirons nos laitues dans le carré II du potager, celui qui a reçu l'engrais l'année précédente et qui a déjà porté des récoltes de choux.

La laitue possède un feuillage considérable et son système radiculaire ne lui permet de puiser l'eau que dans un espace assez restreint, aussi, pour restituer au sol l'eau évaporée par les feuilles, il est indispensable de bien arroser les laitues, surtout pendant l'été. De plus, pendant les cultures de la saison chaude, afin de prévenir autant que possible la perte d'eau du sol par évaporation directe, il convient de pailler avec soin les planches de laitues.

Ce sont là des précautions indispensables, mais il en est d'autres à prendre pour exécuter cette culture avec succès :

1° Obtenir un plant irréprochable par des semis soignés et des repiquages bien faits ;

2° Mettre en place dans un sol riche mais non fraîchement fumé ;

3° Entretenir la terre meuble autour du collet. Quand on repique, il faut donc éviter de serrer trop la terre contre le collet de la plante, et, quand la laitue est en place, on ameublit de temps en temps le sol autour de chaque pied avec le crochet à biner ou avec les dents de la cerfouette.

En mettant ces procédés en pratique, on réussit toujours merveilleusement.

Nous recommandons les variétés suivantes, choisies afin d'assurer une production à peu près continue.

La laitue *de la Passion*, qui donne une belle pomme de bonne qualité et qui supporte fort bien en pleine terre les hivers rigoureux. On la sème en juin, juillet, août, afin de pouvoir la récolter pendant l'hiver.

La laitue *rouge d'hiver* est encore plus rustique que la précédente, on ne l'abrite jamais pendant l'hiver. Mais elle n'est pas aussi fine que la laitue de la Passion et on lui reproche d'être parfois un peu amère. On la sème d'ailleurs aux mêmes époques pour la récolter pendant toute la saison froide. En échelonnant les semis comme nous l'avons indiqué, on peut obtenir des laitues de janvier en avril, pendant quatre mois. Il faut ajouter que ces mêmes espèces, repiquées dans un endroit abrité et couvertes pendant les nuits froides avec des cloches, donnent de belles pommes dès décembre.

Enfin, la laitue de la Passion peut être cultivée comme laitue de printemps, il faut la semer sous chassis en mars et en pleine terre en avril.

Pour les laitues d'été, il est bon de faire des semis toutes les trois semaines et toujours dans une terre bien ameublie et mélangée de terreau, condition indispensable pour obtenir de bon plant et par suite une belle récolte. — Mais ne semez jamais dans les planches d'oignons et de carottes, vous nuisez à ces légumes et vous ne pouvez obtenir ainsi que du très mauvais plant.

Parmi les nombreuses variétés qui existent on peut choisir :

La laitue *Bossin*, qui est énorme et convient pour les fermes importantes ; elle se sème en pleine terre d'avril en mai.

La laitue *blonde d'été* est rustique et de bonne qualité. On la sème sous cloche en mars et en pleine terre de mai en juin.

La laitue dite *romaine* se cultive comme la laitue ordinaire, mais on la choisit pour les cultures de primeur semées et repiquées sur couche et sous chassis ; pour cet usage, la variété préférable est la *romaine blonde*.

Nous nous sommes étendus quelque peu sur la culture de la laitue ; cela nous permettra d'être beaucoup plus expéditif au sujet des autres salades.

La *chicorée* et la *scarole* se cultivent comme la laitue, ou peu s'en faut. Mais, afin d'empêcher ces salades de monter pendant la saison chaude, il faut les planter dans le carré III qui n'a pas été fumé depuis longtemps et qui vient de fournir une récolte de pois ou de haricots. Dans ce cas, il est indispensable de bien pailler la planche de chicorées et d'arroser fréquemment. Pour obtenir des salades bien blanches, le meilleur procédé consiste à les lier : à l'aide d'une tige de *raphia* (1) on maintient la chicorée fermée, les feuilles extérieures relevées et rapprochées vers le sommet. — Dès que la chicorée est liée, il est indispensable de l'arroser au pied seulement : en mouillant les feuilles, on ferait mourir la pomme.

Les semis s'effectuent sous châssis de février à mars, puis en pleine terre. On peut recommander :

La chicorée *frisée de Louviers*, qui blanchit facilement ; c'est une excellente qualité que l'on sème sous châssis ou sous cloche de mars en avril, et en pleine terre de mai en juillet.

La chicorée de *Ruffec* est la meilleure variété de l'espèce, surtout pour les semis d'été.

La scarole *grosse de Limay*, se cultivera pendant le printemps et l'été ; les semis étant faits en pleine terre d'avril en août.

Le repiquage en pépinière est indispensable pour les chicorées de première saison semées sous châssis ; sans cette précaution, les salades montent toujours. — Il est facile d'obtenir des chicorées d'arrière saison à l'aide de semis faits en août et septembre.

Dans tous les potagers de campagne, où l'on est généralement dépourvu de couches et de châssis, on devrait cultiver la mâche comme salade d'hiver, d'autant plus qu'il n'est pas de culture plus facile. — Il convient d'échelonner les semis.

D'août en octobre on sème très clair à la volée au milieu des cultures dans les carrés qui n'ont pas reçu récemment du fumier et l'on récolte depuis décembre jusqu'en mars. Depuis le mois de septembre jusqu'au milieu d'octobre, il est avantageux de semer une planche de mâches que l'on paille fortement à l'époque des gelées ; dans ce cas, pour récolter, on écarte la litière.

---

(1) Sorte de bane fine et souple, que l'on trouve dans le commerce et qui rend de grands services dans les potagers pour fixer les plantes contre les tuteurs, pour lier les salades, etc.

Parmi diverses variétés on peut choisir : la *mache ronde*, qui vient partout, et la mache à *feuilles de laitue*, qui est particulièrement délicate.

Ce que nous disons pour la mâche peut être répété pour le cresson ; il faut le cultiver dans tous les jardins. A la campagne, il est d'usage de planter dans les fossés et sur les bords des fontaines du cresson de fontaine ; c'est une excellente pratique Mais dans les jardins où l'on ne pourrait que difficilement établir une cressonnière, il faut semer du *cresson de jardin*, qui est excellent et qui fournit d'abondantes récoltes pendant l'automne l'hiver et le printemps, *s'il a été semé en août*. Les semis d'août donnent de nombreuses cueillettes pendant plusieurs mois, tandis que les semis de printemps montent rapidement en graine.

Les épinards doivent aussi être semés en août pour réussir à coup sûr d'abondantes récoltes ; semés au printemps ils montent tout de suite. Cependant on a coutume dans bien des jardins de semer ce légume au printemps ; il faut ajouter qu'on le réussit médiocrement. On sèmera donc au mois d'août, en ligne, dans une terre abondamment et récemment fumée et l'on arrosera souvent ; dès qu'ils sont levés, on bine entre les lignes avec la petite cerfouette et le crochet à biner : enfin, quand les feuilles sont bonnes à couper on les récolte, sans quoi la plante monte. — On ne sème d'avril en juin — et très clair — en contreplantation dans les choux, que si les semis d'août ont été mangés ou perdus.

Parmi les variétés recommandables l'épinard *de Flandre* supporte très bien le froid et monte peu facilement ; l'épinard *monstrueux de Viroflay* est énorme et excellent, mais il faut le semer seulement en août.

REMARQUE. — Il est bon de renouveler tous les deux ans les graines des plantes qui précèdent ; cependant celles de chicorée et de mâche se conservent trois et quatre ans.

LES CAROTTES, LES NAVETS, LES SALSIFIS, LES SCORSONÈRES, LES RADIS.

La carotte est encore un de ces légumes essentiels que l'on doit posséder en toute saison, et cependant la plupart des potagers des campagnes en manquent presque toujours. Cela tient à ce que les légumes sont cultivés à la ferme dans la saison où ils peuvent venir sans soins particuliers : les paysans effectuent la culture du potager comme celle de leurs champs : ils labourent, fument, sèment, enlèvent les mauvaises herbes s'ils ont le temps, et le légume vient comme il peut. Il est évident que dans ces conditions on ne peut songer à récolter des carottes ou tout autre légume du commencement à la fin de l'année ; il faut un temps privilégié pour réussir convenablement une récolte, même dans la saison la plus favorable. Aussi dans le potager de la ferme, la carotte est rare ; de plus elle est de quantité inférieure, trop souvent dure et ligneuse.

La carotte doit être semée dans le carré II. On commence par labourer profondément la terre afin de bien l'ameublir ; on brise avec soin les mottes de terre avec la fourche crochue ; enfin on dresse un petit rebord autour de la planche pour retenir l'eau fournie par les arrosages.

Les semis doivent être faits à trois époques différentes : d'abord de février en mars, puis de juin en juillet, enfin en août et septembre. La production est ainsi assurée pendant toute l'année. En effet, les premiers semis donnent la provision d'été et d'automne ; ceux que l'on a faits en juillet fournissent des carottes que l'on arrache à l'approche des gelées pour les conserver dans la serre à légumes ; et les semis de septembre donnent des légumes que l'on laisse dans la terre pendant tout l'hiver en prenant la précaution de couvrir toute la planche d'une couche de fumier.

Ces excellentes carottes sont arrachées au printemps et mises dans la serre à légumes.

Pour semer les carottes en ligne, on trace avec le rayonneur de petits sillons, profonds de 2 centimètres, à 20 ou 25 centimètres de distance les uns des autres ; on dépose la graine dans le sillon ; on recouvre avec le gros râteau ; on passe le petit râteau fin ; on recouvre le tout d'une couche de 1 bon centimètre de vieux fumier, qui s'émiette facilement et jamais on n'emploie de fumier frais.

Pour bien réussir la récolte, il faut avoir un bon semis. En opérant comme nous l'indiquons, on réussit à coup sûr à la condition de bien arroser, de tenir toujours la planche humide, ce qui nécessite un arrosage par jour tant que le temps est sec.

Les planches de carottes doivent être entretenues dans un grand état de propreté. Les sarclages, faciles à exécuter dans les planches semées en ligne, sont faits dès que l'herbe apparait ; en même temps on éclaircit s'il est nécessaire ; quand les feuilles commencent à se développer, on bine avec la petite serfouette ; puis un dernier binage encore quand les feuilles sont grandes et avant qu'elles couvrent le sol.

Pour récolter les carottes, on commence par enlever les plus belles dans toute la planche, ce qui laisse aux autres plus de place pour se développer. Et quand toutes les carottes sont belles on les arrache, on les dispose dans la serre aux légumes, on travaille la terre et on sème des navets.

On arrache, en se servant de la *petite fourche à dents plates*, lorsque la terre est compacte, cet outil est une sorte de fourche à trois dents, longue de 20 centimètres, large de 12 et munie d'un manche de 35 centimètres.

Pour conserver les carottes arrachées, on coupe les feuilles, et on fait dans la serre à légumes ou dans la cave un lit de sable sur lequel on met une couche de carottes que l'on recouvre encore de sable, et ainsi de suite on fait des couches alternatives de carottes et de sable.

Parmi les nombreuses variétés de carottes nous recommandons spécialement :

La carotte *rouge courte de Hollande* qui doit être semée partout, car c'est la meilleure pour les semis de pleine terre faits en février et pour les semis d'août qui assurent, ainsi que nous l'avons expliqué, la récolte du printemps suivant.

La carotte *demi-longue nantaise* est de qualité supérieure, elle doit être cultivée pour la saison d'été et, comme elle se conserve bien, on peut la réserver pour la saison d'hiver.

La carotte *rouge longue* est recommandable car elle est très rustique. On peut la cultiver dans les terres froides et dans les terres chaudes ; de plus, elle donne d'abondantes récoltes. Elle n'est pas sans doute de qualité supérieure, mais, dans ce potager de la ferme, nous nous attachons surtout à cultiver des légumes résistant bien aux causes diverses qui peuvent nuire souvent aux légumes de qualité supérieure.

La carotte *blanche des Vosges* est des plus recommandables pour la ferme à cause de sa grande taille et des belles récoltes qu'elle fournit ; il faut la semer au mois de mars.

Afin d'accroître la production du potager on doit semer des carottes dans les pépinières de légumes devenues libres après l'arrachage du plant. On sème à la fin du printemps pour une récolte de saison un peu tardive ; ces semis sont très avantageux dans les grosses fermes, et l'on cultive dans les planches la carotte rouge de Hollande pour la cuisine, la carotte blanche des Vosges pour les animaux domestiques.

Si la carotte est rare dans bien des potagers, le navet n'est presque jamais cultivé, sauf dans les régions où sa culture s'effectue en grand pour les besoins de la ferme. Dans ce dernier cas on obtient une seule récolte de navets, tandis que par une culture intelligente faite dans le potager on peut avoir cet excellent légume en toute saison.

Un sol légèrement consistant et substantiel convient aux navets ; mais il faut éviter de les mettre au contact d'une fumure fraîche. Ils exigent des engrais bien décomposés dans le sol et ayant déjà servi à alimenter plusieurs récoltes. On les sèmera donc dans le carré II de mi-juin à fin août ; pour les navets primeurs, qui ont une aptitude particulière à monter, il faut les semer du mois de mars au mois de mai, dans une planche ayant déjà fourni sans fumure une récolte de racines et dans le carré III que l'on pourrait juger épuisé par les cultures précédentes. On sème dans les pépinières de légumes devenues libres et dans le carré II après une récolte de salade ou de carottes.

Exceptionnellement ce légume doit être semé à la volée en prenant bien garde de semer trop épais ; le semis est recouvert de terreau ; on éclaircit au sarcloir dès que les navets ont deux feuilles. Il est indispensable d'arroser souvent pendant l'été pour empêcher le navet de monter en graine.

Nous recommandons :

Le navet *long des Vertus* pour semer dès le mois de mars dans une terre non fumée ; les autres variétés monteraient en graine et le navet des vertus est excellent à tous les points de vue.

Le navet *gris de Montigny* qui est très rustique et peut se conserver en terre pendant l'hiver sous une couverture de fumier, comme les carottes ; il est de très bonne qualité et doit être semé de juin en septembre.

Le navet *jaune de Hollande* à chair jaune présente l'avantage de se conserver très bien pendant l'hiver ; on le sème comme le précédent.

Le *salsifis* et le *scorsonère* ou *salsifis noir* sont des légumes à cultiver surtout dans le potager du maître. On les sème en lignes distantes de 30 centimètres.

Le *salsifis blanc*, légume supérieur et très rustique, prend place dans le carré I en terre bien fumée ; on le sème en août et on le récolte seulement à la fin de l'été suivant.

Le *scorsonère*, qui vient plus vite, sera semé dès le mois de mars et récolté dès l'hiver.

Comme ces plantes ne gèlent pas, on peut les laisser en terre pendant l'hiver et récolter toujours ces excellents légumes. Les semis ne réclament que de l'eau, un ou deux sarclages et un binage comme les carottes. Comme ces dernières on peut les arracher avant les gelées et les conserver dans la serre aux légumes ; on peut aussi couvrir les planches de fumier afin de pouvoir arracher les salsifis même pendant les gelées.

Le radis peut avec des soins être récolté pendant presque toute l'année. Nous conseillons de les semer presque toujours en contre-plantation et une petite quantité à la fois ; les semis en pleine terre seront échelonnés de mars en septembre dans la terre bien fumée. Quand on possède des châssis et des couches on peut semer pendant la saison froide, de novembre à mars. — Il est indispensable d'arroser fréquemment les radis, sans cette précaution ils viennent mal et possèdent un goût piquant ; pendant l'été, il convient de les arroser matin et soir.

On peut récolter des radis pendant l'hiver sans se servir de couches, à la condition de semer en août une variété spéciale, le radis *rose de Chine*, dans le carré II. Ce radis ne gèle pas, mais il est bon de couvrir la planche d'un peu de litière ou de paillis à l'époque des gelées.

Au printemps et à l'automne, on sème en pleine terre, pour être récolté immédiatement, le radis *rose hâtif*. D'avril a septembre, pour les semis de pleine terre, on peut adopter le radis *écarlate* qui est un peu piquant.

Enfin, comme gros radis d'hiver, nous conseillons d'abandonner le radis *noir* et de le remplacer par le radis *violet d'hiver*, qui est très gros et très fin cependant. On le sème en mars pour arracher avant les fortes gelées et conserver dans la serre aux légumes, ou bien en août pour le récolter au printemps.

REMARQUE. — Il est bon de renouveler tous les deux ans les graines de carottes, de navets, de radis, de salsifis, et tous les ans les graines de scorsonère.

LES POIS, LES FÈVES, LES HARICOTS.

Ces légumes doivent être cultivés dans le carré III du jardin, qui a déjà fourni une ou plusieurs récoltes de choux et de racines depuis qu'il a été fumé. Il faut cendrer la planche *après avoir semé* en suivant exactement les indications que nous allons donner. On a coutume de cultiver les pois et les fèves pour récolter au printemps pendant quelques jours seulement, tandis que ces légumes, les pois surtout, peuvent être obtenus pendant le printemps, l'été et l'automne, en choisissant des variétés différentes suivant la saison et les cultivant d'une manière convenable. Quant aux haricots, la culture telle qu'on la pratique dans presque tous les potagers est absolument défectueuse et il est facile de tripler le rendement en opérant d'après une méthode différente.

Ces légumes aiment un sol léger et meuble, mais il faut éviter de leur fournir une fumure fraîche, sans quoi ils donnent une belle végétation mais peu de fruits. On ne les sème jamais deux années de suite sur la même planche, sous peine d'obtenir de très médiocres résultats ; on doit rationnellement faire de même pour les autres légumes, et les rendements obtenus, en pratiquant l'assolement tel que nous le recommandons d'une manière générale, sont beaucoup plus rémunérateurs que tout ce que l'on pourrait réaliser par une autre méthode.

La cendre ne doit jamais être mélangée au sol au moment de semer ; le semis une fois fait et recouvert, on la répand sur la terre, entre les lignes, et elle sera enfouie seulement au premier binage fait quand le plant aura quatre feuilles. Si la cendre se trouvait mise en contact avec les graines, elle pourrait empêcher la germination.

Les pois, les fèves et les haricots de grande primeur ne peuvent être obtenus qu'à l'aide de chassis et de couches ; nous ne parlerons pas de cette culture, puisque nous réservons le peu de chassis que nous jugeons indispensable à tout potager, si humble qu'il soit, à la préparation du plant des légumes essentiels que l'on met en place dès les premiers jours du printemps.

Les conseils que nous allons donner pourront surprendre bien des cultivateurs, mais qu'ils essaient de les mettre en pratique sur une petite surface du potager, tout en continuant sur les autres planches leur méthode de culture habituelle : ils seront surpris de la différence considérable des rendements et ils ne tarderont pas à abandonner leurs anciens procédés.

1° Pour semer les pois, on trace avec la grande lame du rayonneur des sillons profonds de 6 centimètres et de la largeur de la lame.

2° Les lignes sont espacées de 1 mètre et entre les lignes on ne sème absolument rien.

3° Dans les sillons on sème très épais ; les graines se touchant presque sur toute la longueur et la largeur du fond du sillon.

4° On recouvre les pois de terre, on passe le rateau, et l'on répand entre les lignes, de bout à fond, une mince couche de cendres, large de 30 centimètres.

5° On passe le rateau fin pour égaliser, sans enfouir la cendre.

6° Dès que les pois ont 4 centimètres de haut, on bine fortement avec la grande cerfouette, pour bien mélanger la cendre avec la terre.

7° Lorsque les pois ont atteint *quinze centimètres,* on les rame en plaçant les branches des deux côtés de chaque ligne ; entre les deux rangées de rames est un espace de 30 centimètres, occupé par les pois, qui formeront une véritable haie impénétrable présentant toutes les cosses sur les parois extérieures. — Les rames ne doivent pas dépasser 1 ^m 10 de hauteur au-dessus du sol.

8° Quand les pois ont au plus six étages de fleurs on supprime l'extrémité de la tige principale, on les pince. — Enfin on bine quand il est nécessaire pour enlever l'herbe entre les lignes.

En suivant scrupuleusement ces indications on obtiendra couramment une récolte dix fois supérieure à celles que les horticulteurs des campagnes réalisent le plus souvent. Une culture bien conduite donne rapidement quatre cueillettes : ensuite, mieux vaut arracher pour faire place nette. C'est pourquoi il est avantageux de semer souvent des pois, mais une petite quantité chaque fois.

Nous recommandons :

Le pois *Michaud de Hollande* qui est à la fois excellent, de bon produit et hâtif ; on le sèmera pendant les trois mois de février, mars et avril.

Le pois de *Clamart tardif* est le seul que l'on puisse semer pendant plus de sept mois, de février à septembre ; il est donc particulièrement avantageux pour les semis tardifs.

Enfin, on cultive beaucoup aujourd'hui des pois *nains* qu'il n'est pas nécessaire de ramer et l'on peut adopter pour tous les potagers : le pois *nain de Hollande* qui, semé en février et en mars donne énormément de produit, et le pois *merveille d'Amérique* qui est le meilleur des pois ; il est *ridé*, de très petite taille et très productif.

En grande culture, le pois se sème moins épais, en lignes distantes de 50 centimètres ; on pince sur le troisième étage de fleurs et on ne rame pas.

Les fèves se cultivent plus simplement. On les sème en plaçant trois ou quatre graines dans des trous ou poquets placés à 30 centimètres les uns des autres ; on recouvre la terre ; on bine de temps en temps pour ameublir le sol et enlever les mauvaises herbes quand il est nécessaire. Lorsque les fèves sont en fleurs on pince le sommet de la tige, ce qui hâte la maturité.

Pour le Nord, il convient de semer la *fève de marais* ; pour le centre et le midi de la France, la *fève de Séville* : ce sont des variétés de grande production, la dernière surtout, et on échelonne les semis de février à avril. Les horticulteurs feront bien d'adopter également la fève *hâtive de Beck*, fève *naine* de qualité supérieure, que l'on peut semer durant cinq mois, de février à juin, ce qui assure des récoltes pendant le printemps et l'été. Cette dernière variété se sème en lignes distantes de 30 centimètres et l'on met au fond du sillon une graine chaque dix centimètres.

Pour le haricot, on peut dire qu'il est généralement assez mal cultivé parce que le cultivateur veut retirer de la même plantation des haricots verts, des haricots en grains frais, et des haricots secs pour la provision d'hiver. Il est indispensable de cultiver séparément les haricots pour chacun de ces usages ; à superficie égale, on obtiendra beaucoup plus de récolte.

Pour cultiver les haricots *dans les sols argileux*, on sèmera en ligne dans des sillons distants de 30 centimètres, tracés par la grande lame du rayonneur ; on place un haricot tous les dix centimètres, on recouvre de *deux* centimètres de terre ; on cendre à droite et à gauche du sillon. Puis, quand les haricots ont quatre feuilles, on bine énergiquement *par un temps sec* et on chausse en même temps les haricots en comblant le sillon de semis. — Dans les terres légères, on sème en poquets profonds de 10 centimètres, distants de 30 centimètres ; chaque poquet contient de cinq à dix haricots, d'autant plus que la terre est plus légère ; on recouvre de deux centimètres de terre ; on cendre autour et l'on bine plus tard pour rechausser.

Dans le jardin, il est indispensable d'arroser pour assurer la levée du semis quand le temps est sec ; il est encore très utile d'arroser au moment où les grains se forment.

Les planches destinées à fournir des haricots verts doivent être cueillies au fur et à mesure que les cosses sont formées ; il ne faut jamais laisser le grain apparaître, sans quoi la production s'arrête ou diminue considérablement.

Les haricots pour manger en grains ne doivent jamais fournir à la cuisine des cosses vertes, car les premières cosses sont les plus belles, les plus fortes, et si on les supprime, on n'obtient ensuite que des produits pitoyables.

Les haricots à rames seront semés en poquets distants de 40 centimètres, trois à cinq grains par poquet ; on cultive comme il a été dit plus haut ; mais après le deuxième binage donné dès que les filets apparaissent, on rame aussitôt : c'est là un point capital.

Si l'on ne dispose pas de châssis, on ne peut semer que vers le mois d'avril, quand les gelées ne sont plus à craindre, car le haricot craint beaucoup le froid.

Pour haricot vert on sèmera le *flageolet d'Etampes*, nain, très productif.

Pour haricot en grains frais, rien ne peut remplacer le *flageolet de Paris*, rustique et productif, pouvant se semer à partir de février dans un climat doux et en abritant les semis.

Pour grains secs, on peut adopter le haricot *nain de chine nankin* et le *flageolet rouge*, deux variétés excellentes et productives que l'on sème en mai et juin et que l'on ne rame pas. Parmi les haricots ramés, le haricot de *Soissons à rames*, blanc à gros grains, est supérieur ; on le sème en mai.

Les semences de pois, de fèves et de haricots conservent pendant trois ans leurs propriétés germinatives.

LES CORNICHONS, LES COURGES, LES MELONS.

Le concombre à cornichon, les courges et les melons doivent être cultivés dans une terre ameublie, bien fumée et arrosée de temps en temps quand on veut hâter la production. Nous décrirons avec détails la culture du melon, qui nécessite des soins particuliers si l'on veut obtenir des fruits irréprochables ; quant aux cornichons et aux courges, il est beaucoup plus facile de les réussir bien.

Les concombres se cultivent aisément en pleine terre et il leur faut moins de chaleur qu'aux melons puisqu'ils sont destinés à être cueillis avant d'avoir atteint leur complet développement. On les sèmera dans une terre chaude et bien fumée, drainée avec soin, car l'humidité leur est fatale comme le froid. On fait des trous de 60 centimètres de diamètre et de 40 de profondeur, on remplit presque complétement de fumier, on recouvre de 15 à 20 centimètres de terreau ou d'excellente terre et l'on sème en place au mois de mai. Quand le pied possède trois feuilles développées, on pince le sommet de la tige pour obtenir trois branches que l'on ne taillera plus ; on chausse légèrement et on paille tout autour du pied. Les branches sont étalées sur le sol et pendant la chaleur on arrose copieusement. La récolte des fruits destinés au vinaigre doit être faite tous les jours.

On peut encore, au lieu d'étendre les branches horizontalement sur le sol, les palissader contre des fils de fers tendus sur des piquets ; dans ce cas, les pieds de concombre à cornichons sont semés en ligne, à 80 centimètres de distance, tout le long de la palissade.

Nous recommanderons pour confire au vinaigre, le *cornichon vert petit de Paris* et le *cornichon de Meaux*.

Les *potirons* et les *courges* peuvent se cultiver en pleine terre dès que les gelées ne sont plus à redouter : cette culture n'est avantageuse que dans le Midi de la France. D'une manière générale, il vaut mieux planter ces légumes dans des trous ou *poquets* confectionnés comme ceux des concombres à cornichons ;

on prend la précaution de bien fouler et d'arroser le lit de
fumier qui garnit le trou ; cette mise en place s'effectue en mai
et l'on doit abriter pendant la nuit avec une cloche ou un pot de
terre tant que les gelées blanches sont à craindre. Quant au
plant, on l'obtient en semant sur couche tiède, au mois de mars ;
si l'on n'a pas de couche, on peut simplement semer les potirons
et les courges sous une cloche qui recouvre quelques pelletées de
terre enfoncée dans le tas de fumier de la ferme. En opérant
ainsi, on est sûr d'avoir des fruits précoces ; semant plus tard
sans prendre ces précautions, on obtient une récolte plus
tardive.

Dès que les tiges ont atteint 1^m à 1^m 50, on les pince, puis, plus
tard, si l'on désire obtenir de gros fruits, on n'en laisse que deux
par pied, ceux qui sont les mieux faits et les mieux placés ; tous
les autres sont coupés dès qu'ils sont noués. On taille la branche
qui porte les fruits à deux yeux au-dessus du fruit.

Il est indispensable de bien arroser jusqu'à ce que le fruit soit
formé. Puis, quand le fruit est bien noué et les branches pincées,
il faut arroser copieusement, tous les jours au moins une fois
lorsque le temps est sec et chaud.

Les pieds seront plantés à deux mètres de distance les uns des
autres.

Parmi les variétés nombreuses de potirons et de courges nous
conseillons de semer :

Le *potiron rouge d'Etampes* qui est gros; d'excellente qualité,
facile à conserver.

Le *potiron vert d'Espagne*, de taille médiocre, à écorce verte
et brodée, de qualité supérieure.

Enfin, la *courge de l'Ohio* et le *Giraumont* qui méritent d'être
exclusivement cultivés dans le jardin du maître.

Il est bon de ne pas cultiver des variétés trop nombreuses de
potirons, melons ou courges pour éviter des hybridations toujours
très faciles entre ces plantes de la même famille. Mieux vaut s'en

tenir à une ou deux variétés bien choisies qui, par leurs qualités et leur grosseur, répondent aux besoins du propriétaire.

La culture du melon est peut-être la seule qui ne puisse réussir sans des soins réguliers et spéciaux dont les autres plantes potagères peuvent se passer à la rigueur, au moins à certaines saisons. Pour avoir de bons melons, il faut faire vraiment de l'horticulture ; le premier cultivateur venu récolte des haricots, mais, pour faire pousser et mûrir des melons, il faut être jardinier. Ce n'est pas à dire que ce soit un art bien difficile, et tous ceux, qui suivront scrupuleusement les quelques préceptes que nous allons résumer, obtiendront un plein succès.

1° Pour obtenir le plant, que l'on cultive des melons de saison ou d'arrière-saison, il est indispensable de semer sur couche et sous abri, sous châssis ou sous cloche. Tous les autres procédés donnent des résultats inférieurs ou incertains. — On sème en mars sur une couche chaude, c'est-à-dire montée depuis six jours et recouverte d'un châssis, simple cadre de bois blanc qu'il n'est pas nécessaire de faire très grand. Dans la couche de terre ou de terreau on sème les graines à plat, une par une, à 20 centimètres les unes des autres et à deux centimètres de profondeur. On tient le semis couvert et l'on entretient la chaleur de la couche à l'aide de réchauds de fumier.

Ces opérations peuvent être effectuées sous cloches, si l'on n'a pas de châssis.

2° Dès que le plant a quatre feuilles développées, on déplante, on met en place et l'on effectue la première taille.

On déplante avec un grand déplantoir et l'on établit les différents pieds en ligne, à 80 centimètres ou 1 mètre les uns des autres, dans des poquets analogues à ceux qui ont été décrits pour les concombres à cornichons, mais un peu plus grand. On fait adhérer la motte qui renferme les racines du melon à la terre du poquet ; on arrose légèrement tout autour de la motte pour bien souder la plantation au sol. *Jamais il ne faut arroser le melons sur le pied*, mais seulement sur le périmètre des racines. On paille toute la planche. Pour assurer la reprise, on couvre pendant quatre jours avec des cloches que l'on enfonce un peu dans le sol ; puis on donne de l'air plus ou moins suivant la température.

Quant à la taille, on l'effectue en coupant *avec une lame tranchante*, la tige au-dessus de la deuxième feuille.

3° Le melon doit être taillé à plusieurs reprises et jamais nous ne laisserons plus de quatre fruits par pied.

La première feuille fournit deux bras qu'on laisse développer en supprimant au-dessus et au-dessous toutes les ramifications dès qu'elles apparaissent pour ne laisser que les ramifications latérales. Les deux bras dès qu'ils ont dix feuilles sont pincés sur la huitième. Les ramifications latérales sont pincées à leur tour à deux feuilles au-dessus des fruits dès que ceux-ci seront noués. Dès que les fruits sont gros comme une pomme, on supprime ceux que l'on ne doit pas garder. Quant aux ramifications qui prendront maintenant naissance on les pincera sur cinq feuilles.

4° Il est nuisible de trop arroser les melons et cependant ils aiment un terrain humide indispensable au développement des fruits. L'engrais liquide pendant les chaleurs est excellent pour les melons, mais il faut prendre garde à souiller les feuilles. Le soir on les arrose légèrement en pluie avec de l'eau restée toute la journée au soleil.

5° Dès que les melons sont un peu gros, on place au-dessous une planchette afin d'empêcher le contact du fruit avec le sol.

Parmi les trop nombreuses variétés de melons on peut choisir:

1° Le *melon Gressent*, précoce, rustique, de qualité supérieure; on peut le semer sous cloches en avril et mai.

2° Le *cantaloup superfin Gressent* beaucoup plus gros et aussi recommandable.

3° L'*ananas d'Amérique à chair rouge* et l'*ananas d'Amérique à chair verte*, de volume médiocre mais de qualité excellente. Dès que ce melon répand une odeur suave il est à point, on doit le cueillir.

On gardera pour semences les graines d'un melon très beau et bien mûr.

CÉLERIS, PIMENTS, PERSIL, OSEILLE.

Nous avons placé dans ce chapitre la culture de quelques plantes potagères qui viennent aisément dans la plupart des jardins, qui sont presque toujours très mal cultivées et qui peuvent donner d'excellents produits à la condition de recevoir des soins assidus faciles à exécuter.

Le céleri est une plante qui manque dans un grand nombre de potagers des campagnes et qu'il est facile d'obtenir en grande quantité.

Tout le secret de cette culture peut être résumé en peu de mots : de bon plant, beaucoup d'engrais, beaucoup d'eau.

Nous parlerons d'abord du *céleri à côtes*.

S'il y a de la place dans la couche établie en février comme nous l'avons dit, on sèmera le céleri en lignes, sur la couche, dès le mois de mars ; on repique en pépinière le plant un peu fort sur les parties de la couche devenues libres quand on a enlevé le plant de choux, et l'on met en place en mai, au milieu des choux d'York ou des choux-fleurs. On obtient ainsi du céleri de fort bonne heure.

Dès le mois de mai, on sème en pleine terre, en lignes ; on repique en pépinière les pieds distants de 20 centimètres dans une terre bien fumée, que l'on arrosera fortement, et l'on met en place quand on a de la terre libre. C'est le carré I du jardin qui convient au céleri.

Le céleri destiné à la consommation d'hiver doit être repiqué en place au fond de fossés profonds de 30 centimètres dont on a garni le fond d'une couche de terreau ou de terre mélangée depuis quelque temps avec du fumier ; quand les pieds grandissent on les chausse peu à peu, quand ils sont gros, on nivelle la terre en comblant le fossé ; lorsque les gelées approchent, on butte la terre autour du pied ; pendant l'hiver, on recouvre le tout de feuilles et de litière. Le céleri ainsi protégé devient très blanc et ne gèle jamais.

Il est indispensable d'arroser souvent et beaucoup le céleri ; de plus, quand il est planté en fossé ou en lignes, un ou deux arrosages à l'engrais liquide (colombine ou poudrette délayée dans l'eau) favorisent singulièrement sa croissance et donnent des produits de qualité supérieure. Pour blanchir le céleri, qui n'est pas enterré dans les fosses, on lie ensembles les côtes et les feuilles avec quelques liens de paille.

On peut adopter soit le *céleri plein blanc*, soit le *céleri de* Tours ; cette dernière variété est très rustique, les côtes sont légèrement violacées.

Le *céleri-rave* est un excellent légume dont la racine est gonflée en forme de rave ou de navet. il est encore beaucoup moins cultivé à la campagne que le céleri ordinaire parce qu'il nécessite quelques soins spéciaux. La plupart des cultivateurs, n'ayant aucune notion d'horticulture, pratiquent de la même manière la culture des légumes les plus divers ; naturellement, ils ne réussissent que les plantes potagères auxquelles conviennent leurs procédés horticoles rudimentaires et ils ne tardent pas à délaisser des légumes qu'il est impossible, disent-ils, de faire pousser dans la terre qu'ils possèdent.

Le céleri-rave peut être semé en pleine terre au mois de mai, dans un sol bien fumé ; il est bon de le repiquer en pépinière pour mettre en place un plant d'élite. Cette dernière opération se fait dans le carré 1 du potager, dans des fossés profonds de 15 centimètres. La terre ayant été bien fumée, le secret de la réussite est dans des arrosages extraordinairement copieux : chaque jour, on remplit le fossé d'eau et, quand il fait très chaud, on arrose deux fois par jour. À mesure que le céleri grandit, on le rechausse avec la terre retirée des fossés et laissée sur le bord ; à l'automne on butte autour des pieds la terre prise à droite et à gauche du fossé. Dès les premières gelées, on arrache tout et l'on garde les racines à la cave, dans du sable, où elles se conservent tout l'hiver.

On peut cultiver le *céleri-rave hâtif d'Erfurt*, de qualité excellente, et le *céleri gros lissé de Paris*, dont la racine est beaucoup plus volumineuse que celle de la variété précédente.

Le *piment* ne mûrit pas toujours en France ; pour le cultiver, il faut le semer et même le repiquer sur couches et sous chassis, au moins dans le Nord et le Centre. Dans le Midi, on peut le semer en pleine terre, sous cloches, dès le mois d'avril, pour le mettre en place, en pleine terre à la fin du même mois, à condition de l'abriter pendant la nuit.

Dans notre pays, le piment ne se cultive guère que pour confire au vinaigre ; à l'état *vert*, on le prépare également en salade comme hors d'œuvre, en choisissant pour cet usage les piments doux. Quand il mûrit sur pied avant les gelées, il devient rouge et possède une saveur de poivre très forte, qui le fait employer comme assaisonnement. Enfin, les gros piments carrés doux, originaires d'Espagne, sont préparés de différentes manières peu connues chez nous.

On cultivera le *piment de Cayenne*, qui donne un fruit long et étroit, et le *piment doux d'Espagne* qui est au contraire très volumineux.

Il peut sembler superflu de parler du *persil*, qui pousse sans aucun soin particulier dans la plupart des jardins ; mais nous ferons remarquer que l'on en manque généralement pendant six mois de l'année, tandis que l'on en doit toujours récolter.

Il est très important de le semer en août, en bordure des carrés II et III du potager, et l'on refait des semis de printemps seulement si l'on a manqué les semis d'août. Afin d'assurer la provision d'hiver on sème en août du persil dans quelques pots de fleurs enterrés dans le sol, que l'on rentre ou que l'on abrite dès que viennent les gelées ; de plus, si l'on place de temps en temps deux de ces pots dans le fumier en les abritant légèrement, on force la végétation et l'on peut faire d'abondantes cueillettes.

On doit semer avant tout le persil commun, qui est le plus productif et le meilleur comme assaisonnement. En second lieu, pour la décoration des plats, le *persil frisé*. Ce dernier présente l'avantage de geler difficilement et on peut le conserver en pleine terre pendant tout l'hiver dans le midi de la France ; il a moins de goût que le précédent.

L'oseille, comme le persil, rend de grands services à la cuisine et l'on doit en avoir toute l'année. On la sème en août de préférence parce que les semis de cette époque donnent des feuilles plus belles et ne montent pas en graine ; on peut aussi la semer en mars et avril. Les semis se font en bordure du carré II ; et, pour cueillir l'oseille, on coupera une à une les feuilles les plus belles ; en coupant au couteau on compromet les cueillettes futures.

Pour la provision d'hiver, on sèmera dans des pots et l'on opèrera absolument comme pour le persil. Quand un pot d'oseille aura été tondu à la cuisine, on le placera dans le fumier chaud, et peu de jours après il fournira une récolte nouvelle.

On doit semer de préférence *l'oseille de Belleville*, qui est à la fois rustique, productive, légèrement acide. *L'oseille à feuilles d'épinard* ou *Patience* manque d'acidité ; cependant, à cause de sa grande production, c'est une ressource dans les maisons où il y a un nombreux personnel.

Les graines de ces différentes plantes potagères sont aisées à récolter ; pour le céleri seul il convient de prendre quelques précautions. Les pieds destinés à fournir la graine sont repiqués dans le carré II ; on les arrose seulement quand il fait sec, et, lorsque les têtes portant la graine sont bien formées, on supprime les plus faibles afin d'obtenir de la graine d'élite.

OIGNONS, POIREAUX, AIL, ÉCHALOTTE.

La culture de ces légumes est imparfaitement connue dans beaucoup de campagnes. En particulier, il est bien des fermes où l'on ne cultive que l'oignon de saison et où l'on ne peut jamais obtenir des oignons parfaits pour conserver. C'est pourquoi nous donnerons quelques détails sur la culture de ce légume, tandis que nous serons très brefs au sujet des autres, qui, à la vérité sont moins importants pour les usages de la cuisine.

L'oignon vient de préférence dans une terre légère mais substantielle, à condition toutefois d'éviter de lui donner jamais des fumures fraîches. C'est donc dans le carré II qu'il faut le planter, dans un sol qui, après avoir été beaucoup fumé, a donné une ou plusieurs récoltes de choux ou de plantes potagères à feuillage développé.

Il est très important de semer l'oignon en avril, et cependant très peu de cultivateurs se décident à le faire. Ces semis seront effectués dans une planche ameublie recouverte de terreau ; on sème clair, à la volée : on repique en place fin octobre dans le carré II ; l'hiver n'est pas à craindre, car l'oignon, même sans couverture, ne gèle pas ; on peut récolter vers le mois d'avril, à une époque où les oignons sont rares.

Les oignons que l'on désire obtenir petits pour confire au vinaigre, sont semés dans le carré II, à la volée et très épais, dès le mois de mars.

Enfin, pour avoir de gros oignons, on sème en mai, à la volée, très épais, toujours dans le carré II ; on récolte en septembre des oignons gros comme une noisette ; on les fait sécher : on les conserve pendant l'hiver ; on les repique au commencement de mars de l'année suivante dans le carré II bien labouré, plaçant les têtes à 15 centimètres environ les unes des autres ; on bine une ou deux fois et l'on récolte en juillet.

C'est ainsi que l'on pratique la culture pour les oignons de conserves.

Quant aux oignons de saison, on les sème en lignes distantes de 20 centimètres, au mois de février, en recouvrant les graines de un centimètre de terreau. On arrose fréquemment jusqu'à la sortie de terre si le temps est sec ; on sarcle au sarcloir pour enlever les mauvaises herbes et tenir le sol meuble. On arrose de temps en temps et quand l'oignon est bien établi, on n'arrose plus que rarement afin que les bulbes puissent se former ; dans l'intervalle, on donne un ou deux binages à la petite serfouette et en même temps on éclaircit d'autant plus que l'on désire obtenir de plus gros oignons.

Quand l'oignon est complétement développé, on meurtrit les tiges au ras de terre en les tordant à la main ou les aplatissant avec le dos du râteau. Puis on arrache quand la tige est tout à fait fanée ; on abandonne les oignons au soleil pendant trois ou quatre jours et on les conserve dans un endroit sec.

Nous conseillons de cultiver en première ligne *l'oignon blanc hâtif*, de qualité excellente pour tous les usages, le meilleur en particulier pour confire au vinaigre.

L'oignon jaune des vertus est supérieur comme oignon de saison semé à la fin de l'hiver.

L'oignon de Mulhouse, que l'on a hâte en bulbes très petits est excellent à repiquer au printemps pour obtenir très vite une provision de gros oignons.

Les poireaux se cultivent d'une manière un peu différente suivant que l'on désire en obtenir une grande quantité ou seulement ceux qui sont indispensable pour l'usage de la cuisine.

Dans les deux cas on prépare le plant en semant à la volée dans une planche que l'on recouvre de terreau. Ces semis se font à deux époques de l'année, d'abord en mai, puis en juin et juillet. Le plant est bon à repiquer dès qu'il a la grosseur d'un crayon. Au moment de repiquer le plant, on lui coupe l'extrémité des racines et les plus grandes feuilles sans abîmer l'œil.

Pour cultiver le poireau en grand, on lui consacre une ou plusieurs planches et le plant est repiqué en lignes distantes de

30 centimètres environ. Quand on n'a besoin que d'une quantité restreinte de poireaux, on ne leur fait pas occuper un carré spécial, on les contreplante entre les cultures des carrés I et II, entre les choux-fleurs, les artichauts, les choux d'hiver, les salades, etc., là où ils gênent le moins.

Les semis de printemps, repiqués en mai, sont destinés à fournir les poireaux d'été et d'automne ; les semis d'été repiqués en août et septembre doivent donner les poireaux d'hiver et du printemps de l'année qui suit.

Pour obtenir des poireaux blancs, il convient de repiquer dans des sillons profonds de 10 centimètres ; avec le second binage on les butte légèrement. — La terre demande à être fréquemment binée et arrosée autour des poireaux.

On sème de préférence en juin et juillet le *poireau long d'hiver*, qui est rustique et ne gèle pas, et le *poireau de Rouen*, qui monte difficilement, qui réussit aussi bien semé au printemps et en été. Les horticulteurs désireux d'obtenir d'énormes légumes pourront cultiver le *poireau monstrueux de Carentan*, c'est le plus gros de tous et il est d'excellente qualité.

L'ail ne se cultive qu'en petite quantité, sauf dans le midi de la France où l'on en fait une consommation exagérée. C'est pourquoi nous conseillons de ne pas lui conserver une place spéciale dans le potager de la ferme ; en le contreplantant dans les carrés II et III, au milieu de récoltes plus importantes mais que l'on n'arrose pas trop souvent, surtout en l'établissant en bordure des mêmes carrés, on récoltera toujours suffisamment pour assurer la provision d'hiver.

L'ail se développe de préférence dans une terre un peu forte, bien fumée ; cependant on les réussit très bien dans les terres légères, soit en planches soit en bordures, en prenant la précaution de ne pas trop l'arroser. On sépare les gousses et l'on plante les caïeux isolés à 15 centimètres les uns des autres ; on donne de temps en temps un léger binage. Quand la tige est développée on la noue sur elle-même, la tête devient ainsi plus grosse. La tige fanée, on arrache, on laisse sécher au soleil comme pour l'oignon; on lie les têtes en bottes à l'aide des tiges sèches et l'on suspend au plafond de la cuisine ou dans un grenier bien sec.

Il faut planter toujours *l'ail rose*, et le planter à deux époques de l'année : en février pour récolter en avril, en octobre pour récolter au printemps de l'année suivante.

Bien des cultivateurs, qui ont des prétentions à l'horticulture, disent que l'échalotte ne réussit pas dans leur terre : c'est qu'ils la cultivent en dépit du bonsens. Ils choisissent, pour planter, les gousses les plus fortes ; ils font cette opération dans un terrain tout fraîchement fumé et à une époque trop tardive.

L'échalotte se plante en janvier et février, dans le carré II bien ameubli, et l'on choisit pour cette opération de *petits caïeux*. On peut, comme pour l'ail, se contenter d'établir les échalottes en bordure ou en contreplantation au milieu des salades : un léger binage leur suffit. Quand la feuille est fanée, l'échalotte est bonne à arracher ; on la laisse sécher au soleil comme l'ail et l'oignon et on la conserve en bottes comme l'ail jusqu'à la récolte de l'année suivante.

On cultivera *l'échalotte commune*, qui présente l'avantage de se conserver très longtemps, et *l'échalotte de Jersey* qui est de qualité absolument supérieure, mais ne peut être conservée au-delà de l'hiver.

LES POMMES DE TERRE, LES TOMATES.

La culture de la pomme de terre et celle de la tomate peuvent se faire sur une surface restreinte du potager, pour obtenir les légumes de saison indispensables aux usages de la ferme, ou sur de vastes étendues de terrain, quand on destine la récolte a former de grandes provisions d'hiver ou à fabriquer des conserves.

La pomme de terre est un légume des plus précieux aussi bien pour la nourriture de l'homme que pour celle des animaux. Elle vient à peu près dans tous les terrains, et dans les sols sablonneux en particulier elle prend une qualité supérieure. La culture en grand de la pomme de terre a fait dans ces dernières années des progrès considérables, grâce aux études de savants agronomes, et nous allons résumer les préceptes qui permettent d'obtenir d'excellentes récoltes de ce tubercule aussi bien dans le potager que dans les champs. Nous ne parlerons pas ici de la culture des pommes de terre de primeur, très avantageuse à pratiquer, mais seulement de la culture en pleine terre des pommes de terre de saison et des pommes de terre tardives bonnes à conserver.

Il convient de planter la pomme de terre dans un sol bien fumé et bien ameubli ; elle s'accomode d'une fumure fraîche, cependant elle acquiert une qualité meilleure dans une terre, fumée l'année précédente. Elle réussit à merveille dans un terrain qui a reçu récemment une certaine quantité de fumier additionné d'engrais chimiques comme nous le dirons plus loin. Pour le potager, on mettra des pommes de terre hâtives dans le carré I et toutes les autres dans le carré II.

On doit planter en mars, jamais plus tard.

Il faut planter des *tubercules entiers*, les moyens et les petits sont préférables ; il n'est jamais avantageux de partager les tubercules de semence. Sous prétexte de cultiver une plus grande surface de terrain on diminuerait la récolte.

Les pieds sont disposés à 60 centimètres les uns des autres et à une profondeur moyenne de 12 centimètres.

Dès que les pommes de terre sont bien poussées, on donne un fort binage entre les lignes ; cette façon culturale a une grande importance. On la renouvelle de temps en temps en grande culture et l'on opère par un temps sec ; dans le potager deux binages suffisent, et en donnant le second on butte la terre autour des pieds à 15 centimètres de hauteur, mais pas davantage.

Pour éviter les effets désastreux de la maladie (*peronospora infestans*), on arrose toute la végétation avec une bouillie claire formée de

Eau...........................	100 parties
Sulfate de cuivre.............	3 —
Chaux grasse.................	3 —

que l'on administre avec un pulvérisateur. Cette opération sera pratiquée en grande culture vers le 20 juin et, dans le potager un peu plus tôt, dès que les feuilles sont bien développées.

Les pommes de terre destinées à être conservées l'hiver seront ramassées le plus tard possible, par un temps sec, lorsque toutes les feuilles sont fanées. Les pommes de terre dites *nouvelles* sont cueillies dans le potager au moment des besoins.

Quant à la fumure, pour la culture en grand de la pomme de terre on peut recommander la suivante :

Fumier de ferme environ...............	20,000 kil.
Superphosphates ou phosphate de scories.	500
Nitrate de soude......................	150
Sulfate de potasse....................	200

le tout pour un hectare.

Il existe des variétés innombrables de pommes de terre ; nous conseillons d'adopter deux ou trois variétés choisies.

Comme pomme de terre de saison : la *pomme de terre quarantaine de Noisy*, à chair jaune, d'excellente qualité, se conservant bien. On doit la planter en mars, tout au plus dans le Nord peut-on retarder la plantation jusqu'en avril. La pomme de terre

Magnum bonum, à chair jaune également, est plus grande que la précédente, très productive, mûrissant vers la mi-septembre. La *pomme de terre rose hâtive* est belle, mûrit dès le mois d'août, donne un grand rendement, mais n'est de bonne qualité, que dans les sables : elle a le défaut de ne pas se conserver longtemps.

Pour la grande culture, nous placerons en première ligne le *Richter's Imperator* qui, dans les bonnes terres, en suivant les indications ci-dessus indiquées a fourni jusqu'à 40000 kg. de tubercules à l'hectare. On peut aussi adopter la *géante des sables* qui est très productive, à chair jaune, un peu tardive, et la *Merveille d'Amérique* qui permet d'atteindre de très forts rendements.

Le rendement de la tomate en grande culture est arrivé à dépasser celui de la pomme de terre et, depuis quelques années, sa culture est devenue une source de revenus pour ceux qui s'y adonnent. Nous ne parlerons pas plus de la culture des tomates de primeur que nous n'avons parlé des pommes de terre à cultiver sur couche et sous châssis ; c'est là une opération délicate sinon difficile et qui nécessite des ressources que l'on ne possède généralement pas dans les humbles fermes de nos campagnes.

On sèmera les tomates sur couche et sous châssis en février ou mars ; on éclaircit le plant dès qu'il est bien levé ; puis l'on en repique sous cloche ou sous châssis, au moins quelques pieds, qui, ainsi traités donneront des fruits avant les autres.

Le plant est mis en place vers le 15 mai, dans le carré II, les pieds à 80 centimètres les uns des autres, on paille la planche et l'on arrose fortement pour assurer la reprise.

Le long des lignes, on place des piquets soutenant trois fils de fer horizontaux placés à partir du sol à 30 centimètres les uns des autres ; le tout forme une palissade de 90 centimètres de hauteur le long de laquelle on étale les tomates.

Un arrosage à l'engrais liquide donné autour de chaque pied, un mois environ après la mise en place, produit un excellent effet surtout dans les terres légères. Au moment de la floraison on n'arrose plus, mais on doit recommencer les arrosages copieux dès que les fruits ont atteints deux centimètres de diamètre.

Il est indispensable de tailler la tomate pour assurer une récolte. Dès que les pieds de tomate atteignent le sommet de la palissade et que les branches principales sont bien couvertes de fruits, on pince les extrémités des tiges et des bras latéraux ; de plus, tous les huit jours, on coupe les extrémités des pousses nouvelles qui présentent des fleurs ou qui montrent trop de vigueur. C'est le moyen de hâter la maturation des fruits et d'obtenir ceux-ci plus gros. Il est bon également de supprimer quelques feuilles lorsque les fruits sont sur le point de mûrir afin de les exposer davantage aux rayons du soleil.

Pour le potager et la grande culture on choisira de préférence la *tomate rouge grosse hâtive* qui est rustique et résiste bien à la maladie ; elle est précoce et très productive. La *tomate perfection* donne un fruit gros, rond et lisse. La *tomate à tige raide de Laye* peut se passer de support ; elle présente l'inconvénient d'être un peu tardive, on peut cependant la cultiver avec avantage dans le midi de la France.

LES FRAISIERS

La culture de ce fruit délicieux mérite d'être encouragée, mais il faut reconnaître qu'elle présente quelques petites difficultés.

Si l'on cultive la grosse fraise, il faut consacrer une certaine étendue de terrain à une plante qui ne donne des fruits que pendant quelques semaines ; à moins que l'on n'opère comme les horticulteurs habiles qui, la récolte faite, enlèvent les pieds, les établissent dans une terre inoccupée pendant le reste de l'année et consacrent à d'autres légumes la planche débarassée qui vient de donner les fraises. C'est là un soin et un travail que l'on ne peut guère recommander aux cultivateurs des campagnes; aussi pensons-nous qu'ils feront bien de ne cultiver cette variété de fraises que lorsqu'ils auront dans le potager de la terre en abondance.

Si l'on cultive la petite fraise ou *fraise de tous mois*, on doit choisir la *fraise de Gaillon* qui ne file pas et qui est de qualité tout à fait supérieure. Dans ce cas la culture est facile pour les pieds mis en place, mais il faut renouveler les pieds par semis. Or les horticulteurs peu expérimentés s'accordent à trouver de grandes difficultés aux semis de fraises. On ne saurait trop les recommander cependant, car seuls ils peuvent donner un plant d'élite. Et si l'on prend la fraise ordinaire, qui est aussi de qualité excellente, il faut veiller constamment à couper les *fils coulants* sans quoi la production diminue considérablement.

En résumé, la culture de la fraise sans être difficile demande à être surveillée par un cultivateur intelligent et, pour la pratiquer dans les meilleures conditions de rendement, il faut être horticulteur.

Afin de récolter la graine de fraises on laisse mûrir sur pied quelques fruits choisis, jusqu'à ce qu'ils commencent à se décomposer ; on écrase ces fruits dans l'eau ; par des lavages successifs on enlève toute la pulpe ; on égoutte la graine et on la fait sécher.

Pour semer, on choisit les mois de juillet ou d'août; on prépare une planche de terre bien ameublie et mélangée de terreau. On jette la graine mêlée à de la terre de manière à semer très clair ; de place en place on sème quelques radis *pour ombrager le jeune plant*, ainsi que le professeur Gressent l'a recommandé le premier ; on recouvre d'une très légère couche de terreau, et l'on arrose plusieurs fois par jour. Les radis sont éclaircis à mesure que les pieds de fraisiers ont deux feuilles bien formées. Dès que le pied de fraisier paraît établi on le repique en pépinière.

Les pieds de fraisiers ainsi obtenus portent des fruits dès la première année. Si beaucoup de cultivateurs prétendent n'avoir de récolte que la deuxième année, c'est qu'ils plantent leurs fraisiers dans un sol fraîchement fumé, ce qui est très mauvais, — ils doivent fructifier dans le carré II. C'est pourquoi, il faudra toujours repiquer les fraisiers en *automne* dans le carré I qui, ayant déjà porté diverses récoltes, sera l'année suivante un carré II. Certains praticiens recommandent d'effectuer la mise en place au printemps ; il est possible que la plantation réussisse plus facilement à cette époque, mais il est certain que la récolte de l'année est diminuée de moitié. Quand on choisit la place des fraisiers il ne faut pas oublier qu'ils redoutent un sol froid et humide.

On enlève le plant en mottes ; comme le fraisier n'a pas de racine pivotante, il faut éviter de resserrer le chevelu en effectuant la transplantation. La planche doit être préalablement bien labourée et hersée, puis couverte d'un épais paillis fait de vieux fumier ; on écarte le paillis là où l'on doit mettre un pied de fraisier. Si l'on possède du terreau on en jette une petite quantité dans le trou qui reçoit le plant ; dans tous les cas, on arrose copieusement après la plantation.

Pour avoir d'abondantes récoltes il faut, au printemps de chaque année, nettoyer les pieds de fraisiers, mettre sur la planche une bonne couche de terreau, donner un fort binage et appliquer une nouvelle couche de paillis. Enfin les arrosages seront très fréquents et donnés à la pomme, même quand les fraisiers sont en fleurs.

Il est très important de remarquer que la durée normale d'une plantation de fraisiers est de trois ans. Les vieilles souches de fraisiers ne produisent que peu ou pas de fruits ; il faut donc renouveler les planches chaque trois ans et disposer la culture de manière à changer chaque année un tiers des plants que l'on possède.

Il existe une méthode qui, pratiquée depuis longtemps dans l'Amérique du Nord, commence à s'introduire en France, et l'on dit qu'elle donne de bons résultats. Elle a pour but d'éviter le renouvellement des plantations tous les trois ans et elle maintient, dit-on, les planches de fraisiers en plein rapport pendant plus de dix ans.

On commence par planter des pieds distants de un mètre les uns des autres ; au bout d'un an ces pieds en ont produit d'autres qui recouvrent les espaces vides. — Après la récolte on supprime les pieds qui paraissent vieux ou mal enracinés, on éclaircit, en un mot, ne laissant que les plus beaux pieds espacés de 50 à 60 centimètres en tous sens. — Et chaque année, au printemps on opère de même.

Il est très important de supprimer toujours les filets et les pieds inutiles, on facilite ainsi le développement des pieds que l'on veut conserver. En résumé, on voit que par ce procédé la planche de fraisiers est partiellement renouvelée chaque année.

Nous conseillons de cultiver :

En première ligne, la *fraise de Guillon*, là où le potager sera sous la direction d'un véritable horticulteur ; partout, la fraise ordinaire dite des *quatre-saisons* qui est excellente quoique moins jolie que la première.

Parmi les grosses fraises il est indispensable de choisir trois variétés afin de prolonger la récolte et nous recommandons :

Pour la première saison, la fraise *Héricart de Thury*, de qualité supérieure ;

Comme fraise de demi-saison, le *docteur Morère*, une des meilleures du genre, fruit très gros, globuleux, sans défaut ;

Et pour l'arrière-saison, la *Lucie*, variété tardive donnant un fruit assez gros et allongé.

S'il est toujours avantageux de reproduire les fraises des quatre saisons par semis, les grosses fraises seront obtenues toujours par *coulants* ou éclats de touffes. Enfin les grosses fraises seules peuvent être cultivées en bordures, dans ces conditions les fraises de tous mois ne donneraient presque pas de récolte parce que les pieds seraient déchaussés et n'auraient pas assez d'eau.

LES ARTICHAUTS, LES ASPERGES

Voilà deux légumes des plus avantageux et qui souvent sont mal cultivés parce qu'ils donnent des produits sans exiger des soins trop assidus. Nous ferons remarquer, qu'avec des procédés culturaux plus rationnels, ils fournissent des rendements considérables qui indemnisent largement l'horticulteur de sa peine et de ses soins.

On a coutume de cultiver l'artichaut à demeure ; ce n'est pas la meilleure méthode ; mais, dans ce cas, il faut l'établir toujours dans un carré et non le planter en ligne.

Le sol est préparé par un défoncement très profond, de 50 centimètres, et en même temps copieusement fumé.

Les pieds sont ensuite établis en échiquier, distants de 80 centimètres à 1 mètre les uns des autres, suivant le développement que doit prendre la variété cultivée. On procède de la manière suivante : à la place qu'occupera chaque pied, on fait un trou de 30 centimètres de côté, que l'on tapisse au fond de terreau mélangé avec la terre ; on dispose au centre l'*œilleton*, racines bien étalées ; on recouvre d'un peu de terre, on ajoute du fumier consommé, puis on comble le trou en disposant tout autour du pied, un rebord en terre formant cuvette pour recevoir et garder l'eau des arrosages. On arrose immédiatement après la plantation et tous les jours jusqu'à ce que le pied ait donné trois ou quatre feuilles. De temps en temps quelques binages pour ameublir et nettoyer le sol s'il est nécessaire.

On pourrait reprocher à cette culture de tenir une grande place dans le jardin, il est vrai ; mais comme l'on peut et l'on doit contreplanter entre les pieds d'artichauts, des choux hâtifs, des salades, des radis, de l'oignon blanc, etc., on voit que la forte fumure donnée aux artichauts sera utilisée avec profit. — Toutes ces contreplantations doivent être enlevées quand l'artichaut commence à montrer les fruits.

Les arrosages sont donnés très copieux dès que la production des fruits est commencée.

La récolte faite on coupera la hampe, qui portait les fruits, le plus profondément possible sous le sol.

Afin de préserver les artichauts de la gelée, dès que le temps devient sec et froid, après avoir biné, on coupe les plus grandes feuilles seulement, on attache les autres avec un lien de paille ou de *raphia*, l'on butte fortement la terre autour du pied, puis on supprime le lien. Avant les gelées, on recouvre la butte de fumier, d'ajoncs, de bruyères ou de litière.

Mais afin d'éviter que les artichauts pourrissent, il faudra les découvrir dès que le dégel viendra, pour les rebutter de nouveau au retour de la gelée. Ce n'est pas un travail pénible et c'est une précaution indispensable : s'il gèle la nuit, couvrez vos pieds d'artichauts le soir ; s'il dégèle le jour, découvrez-les dès le matin.

Au mois d'avril on découvre définitivement, on répand le fumier sur le sol et on laboure pour enfouir la fumure. Quelques jours après, on déchausse légèrement, on enlève les pousses inutiles autour du collet, et les œilletons munis de radicelles ainsi obtenus servent à faire de nouveaux pieds d'artichauts. — Il vaut mieux couper les œilletons à la serpe que de les enlever par éclat.

La culture annuelle devrait être adoptée par tous les horticulteurs, car elle donne des produits plus hâtifs et plus tardifs à volonté ; de plus, elle évite les ennuis du buttage, et des travaux d'hiver. On doit arracher tout avant les gelées ; on œilletonne, on établit les pieds et les œilletons sous châssis, dans des pots ou bien dans la serre à légumes, pour replanter au printemps. Les détails très intéressants de cette culture, qui est rémunératrice, se trouvent dans les traités spéciaux, en particulier dans le *Potager moderne* du professeur Gressent.

L'asperge vient très bien dans tous les sols, sauf dans ceux qui sont trop compacts, mais elle est en général très mal cultivée.

On a coutume de placer les pieds trop près les uns des autres et trop souvent encore on les établit dans des fossés profonds ; certains cultivateurs les fument rarement et avec parcimonie. Malgré toutes ces fautes, on obtient des asperges En suivant les règles que nous allons résumer, il sera facile d'obtenir partout, surtout dans les terrains calcaires, des asperges aussi belles que les célèbres asperges d'Argenteuil.

1° Les asperges seront plantées en lignes distantes de 1 mètre et sur chaque ligne les pieds seront placés à une distance de 1 mètre *jamais plus près*.

2° La plantation se fera en mars, *jamais plus tard*, dans un terrain ameubli sur une profondeur de 30 centimètres seulement. On pratiquera des fossés ou sillons profonds de 15 centimètres au fond desquels on mettra une couche de fumier ; sur le fumier les griffes seront posées les racines bien étalées et l'on recouvrira de terre de manière à niveler simplement le sol. La plantation ne s'effectuera jamais par un temps pluvieux.

3° On plantera des griffes d'un an, en choisissant celles qui ont les racines courtes et grosses, non ridées. Il importe qu'elles ne soient pas arrachées depuis trop longtemps. Nous conseillons de cultiver *l'asperge rose d'Argenteuil* à l'exclusion de toute autre.

4° Pendant deux ans on ne récoltera pas d'asperges ; le sol sera entretenu propre par des binages superficiels et des labours effectués avec le *crochet à biner* et la *fourche à dents plates*. On peut cultiver au printemps des choux, des salades, des haricots verts entre les lignes d'asperges.

5° Dès la troisième année on butte au printemps les asperges afin d'obtenir des légumes tendres et blancs, qui devront être enlevés par *éclat* en défaisant légèrement la butte et non avec le couteau qui abime les pieds. On récolte seulement jusqu'au 1er juin quand on veut avoir des asperges belles et précoces ; à partir de juin on laisse pousser les asperges qui sortent du sol.

6° Chaque année il convient de fumer les asperges. Nous conseillons d'épandre le fumier en octobre.

Il faudra d'abord couper les tiges fanées et déchausser les asperges sans découvrir les racines. C'est autour de chaque pied, sans toucher le collet, que l'on place le fumier ; on abandonne ensuite le tout à la pluie, à la neige et à la gelée. Cette opération est faite dès la première année de plantation.

7° Au commencement de mars, par un beau temps, on nettoie chaque pied, enlevant les vielles tiges mortes ; on mélange bien le fumier au sol à l'aide de la fourche à dents plates ; on butte la terre à 35 centimètres au-dessus des griffes d'asperges.

En opérant ainsi on obtient toujours des asperges irréprochables, tandis qu'en mettant le fumier à la fin de l'hiver et l'enfouissant aussitôt, il pousse des asperges crochues.

8° Il y a avantage, dans les terrains pauvres en calcaire, comme les sables, à mélanger au sol de la chaux, du plâtre, des plâtres de démolition : l'asperge y gagne en volume et en qualité. Il est bon également de supprimer les graines dès qu'elles apparaissent sur les tiges d'asperges, mais il faut bien se garder de couper ces tiges tandis qu'elles sont en pleine végétation,

Tels sont les principes fondamentaux à appliquer dans la culture de l'asperge. Les horticulteurs qni, dans un but commercial, voudraient consacrer leurs soins et une certaine étendue de terre à la production de cet excellent légume, feront bien de compléter ces renseignements par la lecture d'un bon traité d'horticulture. Nous ne saurions leur en recommander de meilleur que celui du professeur Gressent.

Conclusion

Dans les quelques causeries que nous avons publiées dans l'*Agriculture Nouvelle* nous n'avons pas la prétention d'avoir fait un cours complet d'horticulture, nous avons seulement indiqué les principes essentiels, qni doivent diriger le cultivateur dans l'administration du jardin potager. En suivant les règles fondamentales que nous avons données, il sera possible, facile même de récolter près de chaque ferme des légumes abondants et variés, trop rares aujourd'hui dans nos campagnes.

Et notre but serait rempli si la lecture de ces articles, l'application des quelques préceptes qu'ils renferment inspirait le désir de mieux connaître cette science difficile, mais si intéressante, qui a pour but d'obtenir, malgré les climats et les saisons, de belles fleurs, d'excellents légumes et des fruits magnifiques.

TABLE DES MATIÈRES

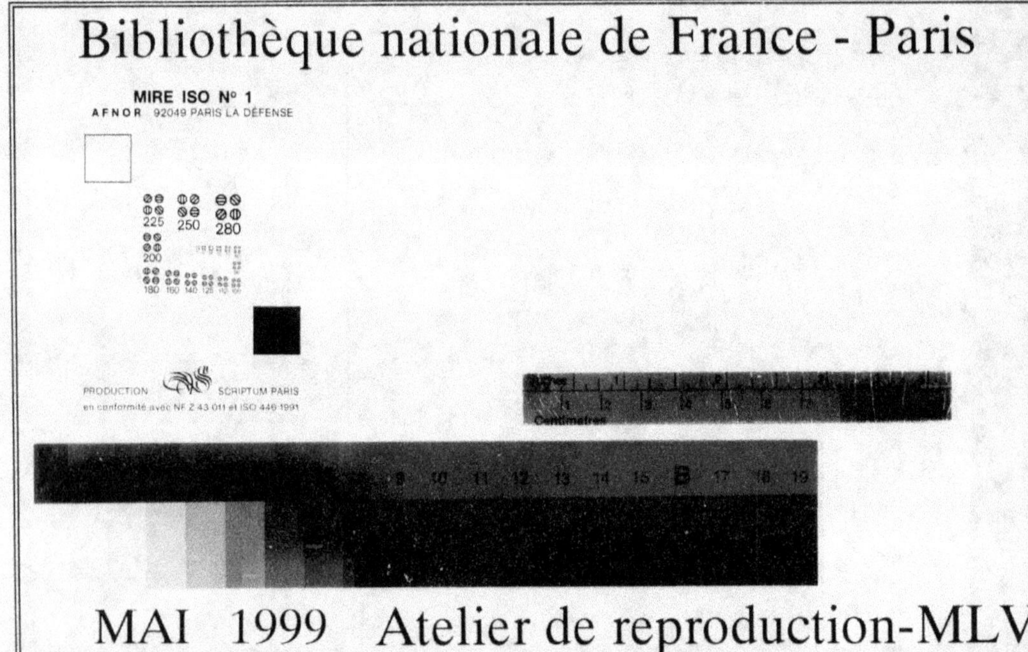